きちんと知りたい！
軽自動車メカニズムの基礎知識

橋田卓也 [著]
Hashida Takuya

158点の図とイラストでK(ケイ)のしくみの「なぜ？」がわかる！

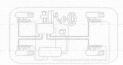

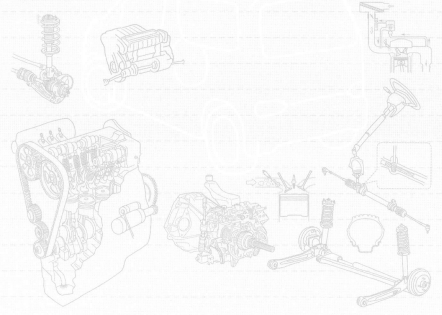

日刊工業新聞社

はじめに

　「はじめに」の冒頭から恐縮ですが、次頁のグラフを見てください。これは1975（昭和50）年以降の登録自動車（軽自動車の規格を超える大きさの自動車。小型自動車、普通自動車、大型特殊自動車など、10頁参照）と軽自動車の保有数の推移を表したものです。

　見ていただくとわかるように、登録自動車の保有台数は2000（平成12）年頃をピークとして徐々に減少しています。

　これに対して、日本独自の規格である軽自動車は、横ばいの時期はあるもののほぼ増加し続けているといっていい状況で、全体に対する軽自動車の割合は約4割に達しています。

　その理由はいろいろ考えられますが、軽自動車の商品価格や税金の安さ、ガソリン消費量の少なさといった経済的なこととともに（14頁参照）、運転のしやすさをもたらすサイズといった点が大きく影響しています（12頁参照）。運転に慣れたドライバーだけでなく、免許取り立てのフレッシュドライバーが運転に慣れるのに、ちょうどいいクルマとなっているのです。

　現在軽自動車は、公共交通機関が整備されている都市部は別として、地方では大切な交通手段の1つとして一家に1台はいうに及ばず、場所によっては1人に1台といっても過言ではないほど普及しています。

　軽自動車の「規格」が誕生したのは1949（昭和24）年でしたが、実質的に軽自動車が開発され始めたのは1955（昭和30）年に排気量が360ccに統一されてからだといえます（42頁参照）。

　生まれたばかりの軽自動車は、なんとか4人を乗せてある程度の距離を移動できるというものでしたが、その後排気量が550cc、660ccへと拡大され、ボディサイズも初期とは比べものにならないほど大きくなり、大人4人を乗せての長距離移動であっても、ほとんどストレスを感じない乗り物へとステップアップしてきました。

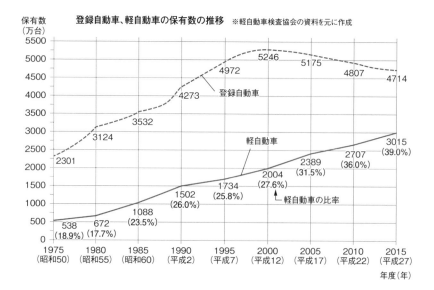

　本書では、こうして大きな成長を遂げ、今やなくてはならない存在となった軽自動車を取り上げ、軽自動車の概要、軽自動車が誕生した経緯とその頃のモデル、規格変更に伴う排気量やボディサイズの変遷とそれぞれの時期に足跡を残したモデル、軽自動車に特徴的なメカニズムとそれを理解するための基礎知識、最近の安全運転支援システムやエコロジー技術の特徴などについてまとめています。

　軽自動車のメカニズムを基本的なところから理解していただくのが本書の目的ですが、軽自動車のガイドブックとして、また懐かしい軽自動車のアーカイブとしても利用していただければ幸いです。

2017年9月吉日　橋田 卓也

きちんと知りたい！軽自動車メカニズムの基礎知識
CONTENTS

はじめに ──────────────────────────────────── 001

第1章
軽自動車とは何か

1. 軽自動車の存在感

1-1　軽自動車は日本独自のカテゴリー ──────────── 010

1-2　軽自動車が売れる理由（その1）───────────── 012

1-3　軽自動車が売れる理由（その2）───────────── 014

2. 軽自動車の種類

2-1　ボディ形状によるクルマの分類 ─────────────── 016

2-2　軽自動車の種類（1）乗用車 ─────────────── 018

2-3　軽自動車の種類（2）商用車 ─────────────── 020

3. 現在の主流、軽ハイトワゴン

3-1　軽ハイトワゴンのルーツ ──────────────── 022

3-2　軽ハイトワゴン人気の理由 ─────────────── 024

3-3　軽ハイトワゴンの人気モデル ────────────── 026

COLUMN **1**　軽自動車の思い出① 昔の軽は強かった？ ──────── 028

第2章
軽自動車の移り変わり

1. 軽自動車のサイズと性能

1-1 排気量と車体寸法（ボディサイズ）────────────── 030
1-2 エンジン搭載位置と駆動輪の関係 ────────────── 032
1-3 性能を知るための用語 ──────────────────── 034

2. 軽自動車の誕生と規格の変遷

2-1 戦後から1949年までの動き ────────────────── 036
2-2 軽自動車規格の制定と変更（その1）──────────── 038
2-3 軽自動車規格の制定と変更（その2）──────────── 040
2-4 排気量360cc時代（1955年〜1975年）─────────── 042
2-5 排気量550cc時代（1976年〜1989年）─────────── 044
2-6 排気量660cc時代（その1：1990年〜1998年）────── 046
2-7 排気量660cc時代（その2：1998年〜）──────────── 048

3. 時代を切り拓いた軽自動車

3-1 360cc時代（1）スバル360とホンダN360──────── 050
3-2 360cc時代（2）スズライトとフェロー ────────── 052
3-3 360cc時代（3）マツダR360クーペと三菱360────── 054
3-4 550cc時代（1）アルトとミラ ───────────── 056
3-5 550cc時代（2）レックス550とミニカアミ55 ────── 058
3-6 660cc時代（1）ミライースとアルト ─────────── 060
3-7 660cc時代（2）eKワゴンとN-ONE ──────────── 062

3-8	軽の4WD車　ジムニーとパジェロミニ	064
3-9	軽スポーツカー（1）コペンとホンダS660	066
3-10	軽スポーツカー（2）セブン160と平成ABCトリオ	068

COLUMN 2　軽自動車の思い出② ミニカトッポの夢 ……………………………… 070

第3章
軽自動車のエンジン

1. 軽自動車エンジンの基礎知識

1-1	一般的な軽自動車エンジン	072
1-2	4サイクルエンジンとは	074
1-3	エンジンを冷やすしくみ	076

2. なぜ直列3気筒なのか?

| 2-1 | 排気量、気筒数、シリンダー配列 | 078 |
| 2-2 | 軽自動車に直列3気筒が用いられる理由 | 080 |

3. なぜDOHC12バルブなのか?

3-1	バルブ開閉機構（システム）の役割	082
3-2	なぜ12バルブなのか（マルチバルブ化のメリット）	084
3-3	バルブタイミングとは何か?	086
3-4	バルブ開閉機構の種類とDOHCのメリット	088
3-5	可変バルブ機構（システム）	090

005

4. なぜ電子制御燃料噴射装置なのか？

4-1 燃料を供給するシステム ⸺⸺⸺⸺⸺⸺⸺⸺⸺⸺⸺⸺⸺⸺⸺⸺ 092

4-2 電子制御燃料噴射装置のメリット ⸺⸺⸺⸺⸺⸺⸺⸺⸺⸺⸺⸺⸺ 094

5. エンジンの高出力化

5-1 高出力化の方法 ⸺⸺⸺⸺⸺⸺⸺⸺⸺⸺⸺⸺⸺⸺⸺⸺⸺⸺⸺⸺⸺ 096

5-2 軽自動車エンジンの高出力競争 ⸺⸺⸺⸺⸺⸺⸺⸺⸺⸺⸺⸺⸺⸺ 098

6. 燃費、エコの追求

6-1 燃費、エコに配慮した排気装置の工夫 ⸺⸺⸺⸺⸺⸺⸺⸺⸺⸺⸺ 100

6-2 ダウンサイジングのメリット ⸺⸺⸺⸺⸺⸺⸺⸺⸺⸺⸺⸺⸺⸺⸺ 102

6-3 好燃費の追求 ⸺⸺⸺⸺⸺⸺⸺⸺⸺⸺⸺⸺⸺⸺⸺⸺⸺⸺⸺⸺⸺⸺ 104

6-4 新動力源によるエコの追求（その1） ⸺⸺⸺⸺⸺⸺⸺⸺⸺⸺⸺⸺ 106

6-5 新動力源によるエコの追求（その2） ⸺⸺⸺⸺⸺⸺⸺⸺⸺⸺⸺⸺ 108

COLUMN**3** 軽自動車の思い出③ 好きだった軽自動車（その1） ⸺⸺⸺⸺ 110

第4章
軽自動車の駆動系と足回り

1. 一般的な軽自動車の駆動系と足回り

1-1 駆動系と足回りの共通項 ⸺⸺⸺⸺⸺⸺⸺⸺⸺⸺⸺⸺⸺⸺⸺⸺⸺ 112

2. 軽自動車のトランスミッション

2-1 クラッチの構造と働き ⸺⸺⸺⸺⸺⸺⸺⸺⸺⸺⸺⸺⸺⸺⸺⸺⸺⸺ 114

2-2 トランスミッションによる変速の必要性 ⸺⸺⸺⸺⸺⸺⸺⸺⸺⸺ 116

2-3	トランスミッションの役割と多段化の意味	118
2-4	M/Tの構造と作動	120
2-5	トルクコンバーターの構造と役割	122
2-6	CVTの考え方	124
2-7	CVTの構造としくみ	126
2-8	トランスミッションの新技術	128

3. 軽自動車の動力伝達

3-1	軽自動車の4WD	130
3-2	ディファレンシャルの構造と働き	132
3-3	差動制限型デフの作動	134

4. 軽自動車の足回り

4-1	ステアリング機構の構造と作動	136
4-2	パワーステアリングの構造と作動	138
4-3	サスペンションの役割	140
4-4	前輪に用いられるサスペンション	142
4-5	後輪に用いられるサスペンション	144
4-6	軽自動車に用いられるブレーキ	146
4-7	ABSとESC	148
4-8	タイヤの構造と種類	150

COLUMN **4** 軽自動車の思い出④ 好きだった軽自動車(その2) 152

第5章
軽自動車の安全性

1. 安全運転をサポートするシステム

1-1 エアバッグとシートベルトの進化 ……………… 154

2. 安全運転支援システム

2-1 衝突被害軽減ブレーキ ……………………………… 156
2-2 安全運転支援システムの機能 ……………………… 158

3. 自動運転システム

3-1 自動運転レベルの定義 ……………………………… 160

COLUMN 5　軽自動車の思い出⑤ 好きだった軽自動車（その3）……… 162

OEM・共同開発車 …………………………………………… 164
おわりに ……………………………………………………… 167
索　引 ………………………………………………………… 168
参考文献 ……………………………………………………… 174

第1章

軽自動車とは何か

What is kei cars?

1. 軽自動車の存在感

軽自動車は日本独自のカテゴリー

軽自動車は、通勤や買い物などの手軽な"足"になっており、我々にとってはとてもなじみの深いものですが、日本以外の国でも軽自動車は走っているのですか。

　ご存知のように、軽自動車は日本の自動車の中で最も小型・小排気量です（上図、13頁上図参照）。法令（道路運送車両法施工規則）に基づいて企画、設計されており、**車両規格**は日本独自のものです。諸外国にも似たような小型車の規格はあるようですが、寸法・排気量などは異なっており、まったく同じとはいえないようです。

◼ 戦後の経済復興をねらい、軽自動車規格を制定

　現在の規格は1998（平成10）年10月に施行（省令公布は96年9月。以下施行年を記載）されたもので、長さ3.4m以下、幅1.48m以下、高さ2.0m以下、排気量660cc以下の三輪、四輪自動車となっています。定員は4名以下、貨物積載量は350kg以下で、これらの項目を1つでも超えると**小型自動車**扱いになります（下図）。

　そもそも**軽自動車**は、1949（昭和24）年に産業育成を目的の1つとして打ち出されました。当初の規格は長さ2.8m以下、幅1.0m以下、高さ2.0m以下、排気量は4サイクルが150cc以下、2サイクルが100cc以下でした。翌年には長さ3.0m以下、幅1.3m以下、高さ2.0m以下、排気量300cc（4サイクル）・200cc（2サイクル）以下と広げられました。さらにその翌年には、寸法は変わらないものの排気量が360cc（4サイクル）・240cc（2サイクル）以下に拡大されました（38頁参照）。

　実際に軽自動車が日の目を見るようになったのは1955（昭和30）年に施行された省令改正で排気量が一律360cc以下になってからです。1958（昭和33）年に富士重工業（現SUBARU＝スバル）から**スバル360**が発売され、好調な売れ行きを見せたことから、他社からも続々と軽自動車が発売されるようになりました（42頁参照）。

◼ 環境対策や利便性の向上を目的に規格変更

　その後も規格は見直され、寸法、排気量とも拡大されていきました。1976（昭和51）年には長さ3.2m以下、幅1.4m以下、高さ2.0m以下、排気量がアップされて550cc以下に（44頁参照）、1990（平成2）年には幅および高さは変わらないものの長さが3.3m以下、排気量が現在と同じ660cc以下に引き上げられました（46頁参照）。そして、1998（平成10）年には長さが10cm、幅が8cm拡大されて現在に至っています（48頁参照）。これらの大幅な規格変更は、排気ガス対策のための4サイクルへの移行促進や快適性への配慮、衝突安全性への対応などをねらったものです。

第1章 軽自動車とは何か

道路運送車両法による自動車の分類

※ 大型特殊自動車、小型特殊自動車、原動機付自転車については割愛

<table>
<tr><th colspan="3">種類</th><th colspan="6">自動車</th></tr>
<tr><td colspan="3"></td><td>普通自動車</td><td colspan="3">小型自動車</td><td colspan="2">軽自動車</td></tr>
<tr><td colspan="3">代表的な自動車</td><td>バス
トラック
乗用車</td><td>小型トラック
小型乗用車</td><td>三輪トラック</td><td>大型オートバイ</td><td>軽トラック
軽乗用車</td><td>オートバイ</td></tr>
<tr><td rowspan="3">構造</td><td colspan="2">車輪数</td><td>4以上</td><td>4以上</td><td>3</td><td>2</td><td>3以上</td><td>2</td></tr>
<tr><td rowspan="2">大きさ
(m)</td><td>長さ
幅
高さ</td><td>四輪以上の小型自動車より大きいもの</td><td>4.7以下
1.7以下
2.0以下</td><td>三輪の軽自動車より大きいもの</td><td>二輪の軽自動車より大きいもの</td><td>3.4以下
1.48以下
2.0以下</td><td>2.5以下
1.3以下
2.0以下</td></tr>
<tr><td></td><td></td><td></td><td></td><td></td><td></td><td></td></tr>
<tr><td colspan="3">エンジンの総排気量(cc)</td><td>同上</td><td>660を超え2000以下[注]</td><td>660を超える</td><td>250を超える</td><td>660以下</td><td>125を超え250以下</td></tr>
</table>

注）軽油、天然ガスを燃料とする自動車については、総排気量の基準の適用はない

軽自動車の条件

◎軽自動車の規格は、過去に何度か変更され、現在の形になっている
◎今ではコンパクトカーと遜色のない快適性や安全性を備えている
◎軽自動車は、他国には見られない独自のジャンルに成長している

011

1-2 軽自動車が売れる理由（その1）

軽自動車は日本独自の規格で、国内を市場として発展を遂げてきたということはわかりました。でも、なぜこれだけ支持されて、普及しているのでしょうか。

　国内の自動車保有数における**軽自動車**の比率は、「はじめに」のグラフにもあるとおり、1975（昭和50）年：18.9％→1985（昭和60）年：23.5％→1995（平成7）年：25.8％→2005（平成17）年：31.5％→2015（平成27）年：39.0％と伸びており、現在約4割が軽自動車という状況です（資料は軽自動車検査協会）。

◤特筆すべきは運転のしやすさ

　では、なぜ軽自動車はこれほど売れているのでしょうか。ドライバーの立場で考えると、まず運転のしやすさがあげられます。軽自動車は車幅が小さいため、狭い道での対向車とのすれ違いにそれほど気をつかわなくてすみますし、見通しの悪い路地などで、車体をこする心配も少なくなります（上図）。

　また、全長も短いということは**ホイールベース**の短さにつながります。ホイールベースとは、前輪の中心軸と後輪の中心軸との距離のことです（30頁参照）。そして、ホイールベースの短さは最小回転半径の少なさにつながります。

　最小回転半径とは、ハンドルをいっぱいに切って動いたときに、タイヤが描く弧の半径のことで、これが少ないほど小回りが効くようになります。車種やグレードによって異なりますが、軽乗用車の場合は4.4m前後が一般的で、軽トラックの中には3.6mというモデルもあります。条件により異なりますが、普通車クラスの乗用車では5.5m前後が標準と見られていますから、その差は歴然です（下図）。

　いくぶん解消されてきたとはいえ、わが国ではまだまだ幅の狭い道路が少なくありません。それなのに交通量は多い。そうした道路でUターンする際、すんなり回れるか切り返しが必要かで、ドライバーのストレスは全然違ってきます。

◤広さ、速さも十分に及第点

　今述べた使い勝手のよさは、当然軽自動車が小さく、コンパクトであることによりますが、小さいながらも、実用面での使い勝手は優れています。大人が2名乗車しても、一般道路を普通に走行するなら十分流れに乗って走れますし、車内スペースの広さも問題ありません。そして、日常の買い物程度なら積載性に不足はありません。日本の道路事情に適しているからこそ、軽自動車には幅広い支持が寄せられているのです。

第1章 軽自動車とは何か

軽自動車、小型自動車、普通自動車のサイズの比較

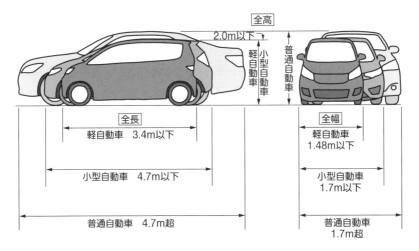

最小回転半径

最小回転半径が小さいクルマでも、オーバーハングが大きければ、クルマの先端が描く軌跡(実用最小回転半径)は大きくなる。

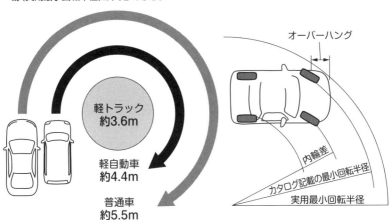

POINT
◎日本の狭い道路で威力を発揮する、軽量・コンパクトであるがゆえの運転のしやすさが軽自動車の魅力
◎広さ、速さも兼ね備えていて、実用的な使い勝手は十分

013

軽自動車が売れる理由（その２）

軽自動車が支持される理由は、運転のしやすさや使い勝手のよさ以外にもあると思います。主に税金を含めた経済面のことについて教えてください。

■経済面でもメリットが多い軽自動車

経済面でも**軽自動車**にはメリットがあります。

購入価格は、軽自動車のほうが小型自動車（10頁参照）よりも割安ですし、購入する際には印鑑証明は不要ですので煩わしさも軽減されます。また車重が軽い分、燃費はいい傾向にあるので、ガソリン代の削減が図れます（104頁参照）。車検の取得・継続に不可欠な強制保険（自動車賠償責任保険）も若干ですが金額は安くなっています。高速道路の料金も小型自動車より低く抑えられています。原則として車庫証明は不要です（ただし政令指定都市や県庁所在地などでは届け出が義務づけられている）。

税金に目を向けると、その差はもっと顕著になります。負担しなければならない項目に大きな違いはありませんが、税率や税額がかなり違っているからです。ただしこの税率や税額はエコカー減税などの適用により、大きく異なってきますので、ここでは減加税を受けない基本スタイルで比べることにします。

まず取得した際に支払う**自動車取得税**は、自家用自動車は車両価格の3％ですが軽自動車は2％です。取得時および車検ごとに徴収される**自動車重量税**は、軽自動車は3300円／年（定額）で、小型自動車は車重1t以下が8200円／年、同1.5t以下が1万2300円／年です（上図①②）。

これに加えて**自動車税**も毎年納めなければなりません。この金額は軽自動車（軽自動車税）が1万800円で、小型乗用車は排気量1000cc以下が2万9500円、同1500cc以下が3万4500円、同2000cc以下が3万9500円です（税額は「自家用乗用車」の場合、下図）。

■"日常生活の足"として重宝がられる軽自動車

公共交通機関が十分整備されているとは言いがたい地方などにおいては、一家で複数の車両を所有している例は珍しくありません。通勤、通学、買い物など日常の足として"ゲタ代わり"に使いますから、1人1台ということもざらです。運転が楽で維持費も比較的安く、実用性を満足させる軽自動車を日常生活の足として選ぶのは、賢明な判断といえるのではないでしょうか。

第1章 軽自動車とは何か

自家用乗用車の自動車重量税

①3年(新車購入時)の自家用乗用車の自動車重量税

車両重量	エコカー減免なし
0.5t以下	12300円(4100円/年)
～1t	24600円
～1.5t	36900円
～2t	49200円
～2.5t	61500円
～3t	73800円

自動車重量税は0.5tあたりの年額で定められており、車検証の有効期間に合わせて新規登録、あるいは車検時に前払いする。車検は新規登録から3年後に初回が、それ以後は2年ごとに行われる。自動車重量税は、新規登録から13年経過すると税額が上がり、18年経過するとさらにアップする。
軽自動車(自家用乗用)の場合は定額で、13年未経過車では3300円/年、13年経過車では4100円/年、18年経過車では4400円/年となっている。

②2年(車検実施時)の自家用乗用車の自動車重量税

車両重量	エコカー減免なし		
	13年未満	13年経過	18年経過
0.5t以下	8200円(4100円/年)	11400円(5700円/年)	12600円(6300円/年)
～1t	16400円	22800円	25200円
～1.5t	24600円	34200円	37800円
～2t	32800円	45600円	50400円
～2.5t	41000円	57000円	63000円
～3t	49200円	68400円	75600円

自家用乗用車の自動車税

自動車税(軽自動車は軽自動車税)は、総排気量によって税額が定められている。
軽自動車税(自家用乗用)は2015(平成27)年4月1日以降に新車購入した場合は10800円で、それ以前に購入した場合は7200円。また、新規検査から13年経過したものは2016(平成28)年度から12900円になっている。

総排気量	税額	総排気量	税額
1000cc以下	29500円/年	3000cc超～3500cc以下	58000円/年
1000cc超～1500cc以下	34500円/年	3500cc超～4000cc以下	66500円/年
1500cc超～2000cc以下	39500円/年	4000cc超～4500cc以下	76500円/年
2000cc超～2500cc以下	45000円/年	4500cc超～6000cc以下	88000円/年
2500cc超～3000cc以下	51000円/年	6000cc超	111000円/年

◎軽自動車は、小型車よりも税金は割安で、経済面でもメリットが多い
◎届け出には印鑑証明が不要で、多くの市町村では車庫証明も不要
◎実用面、経済面を満足させる軽自動車は、日常生活の足となっている

2. 軽自動車の種類

2-1 ボディ形状によるクルマの分類

軽自動車を含めて、クルマにはいろいろなスタイルがありますが、ボディ形状によって分類すると、どのように分けることができるのでしょうか。

　クルマを形状によって分類する方法として一般的なのは、ボックス形状による分類です。これは、エンジンが搭載されている空間（エンジンルーム）、人が乗る**客室**（**キャビン**）、荷物を載せる空間（トランク）をボックス（箱）としてとらえ、この3つがどう組み合わされているかによって、**1ボックス**、**2ボックス**、**3ボックス**と分類します（図①～⑥）。

　例えば、乗用車のスタイルとしてもっともオーソドックスな**セダン**は3ボックス、いわゆる**ワンボックスカー**は、エンジンルーム、キャビン、トランクが1つの箱になった1ボックス、軽自動車など排気量が小さめのクルマに多い**ハッチバック**は、キャビンとトランクが一体となった2ボックスです。

　図は、主なクルマの形状をイラストにしたものですが、この他にもいろいろな形があります。また、定義があいまいなところもあり、例えばミニバン、ワンボックスワゴン、エステートワゴンの違いを明確にするのは難しいところがあります。

　最近の傾向としては、①2ボックスに分類されるクルマが増えている、②以前に比べてエンジンルームが小型化している、ということがいえそうです。

■時代の要求によってクルマの形も変わっていく

　まず①について。ワンボックスカーという言い方はよく耳にしますが、純粋な1ボックス形状をしたものは意外に少ないといえます。特に軽自動車のワンボックスカーは、フロント部分に小さな空間をプラスした1.5ボックスともいえる形をしたタイプが増えています。

　これは、衝突安全基準が強化されたことが要因で、万一事故にあった場合に、**クラッシャブルゾーン**（衝突時、あえてつぶれやすく設計された部分。これによって衝撃を吸収し、人を保護する）を設けるために必要な0.5ボックスなのです。

　②については、"機械が占める部分はできるだけ小さく、人が利用する部分はできる限り大きく"という考え方が影響しています。特に軽自動車やミニバンはこれを追求したモデルが多く、各メーカーともこの点をアピールするようになっています。

　このような事情も相まって、従来からあるボックス形状による分類が当てはめられないモデルが増えてきています。

第1章 軽自動車とは何か

ボディ形状によるクルマの分類

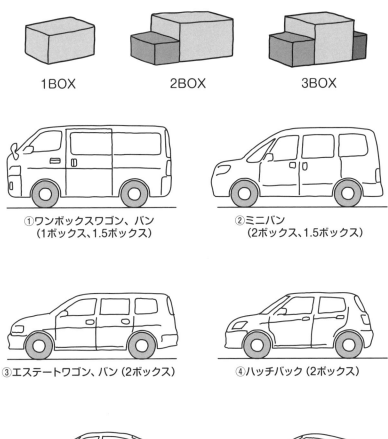

1BOX　　　2BOX　　　3BOX

①ワンボックスワゴン、バン
（1ボックス、1.5ボックス）

②ミニバン
（2ボックス、1.5ボックス）

③エステートワゴン、バン（2ボックス）

④ハッチバック（2ボックス）

⑤セダン（3ボックス）

⑥クーペ（2ボックス、3ボックス）

POINT
◎クルマの形状によって1ボックス、2ボックス、3ボックスに分類でき、現在は2ボックスに該当するクルマが増えている
◎安全性や快適性への要求が、クルマの形に影響を与えている

2-2 軽自動車の種類(1) 乗用車

一口に「軽乗用車」といってもいろいろなタイプがあるように思います。どんな種類があって、現在の主流はどのようなタイプなのか、その特徴も含めて教えてください。

軽乗用車にもさまざまなタイプがありますが、軽自動車の規格が制約になって、小型・普通乗用車ほどではないのが実情です。前項で説明したボックス形状でいうと、3ボックスは今ではほとんど見られなくなっています（図①～⑤）。

主流は1ボックス（1.5ボックス）か2ボックスですが、これは規格の車体寸法内にエンジンルームとキャビン、トランクをそれぞれ独立して設けようとすると、後部座席の居住性と積載スペースを十分に確保することが難しいからです。

ワンボックスは、いわゆる「軽バン」を乗用タイプにしたものです。何といっても荷物をたくさん積めることが最大の特徴です。

2ボックスは、**ハッチバック**と呼ばれるオーソドックスなタイプの軽乗用車と、次に述べる**軽ハイト（トール）ワゴン**に多く見られます。

▮現在の主流は軽ハイトワゴン

販売台数で見ると、今は軽ハイトワゴンといわれるタイプが人気を博しています（22、24、26頁参照）。これはミニバンから派生したハイトワゴンの軽自動車版で、比較的背の高いキャビンとその前にボンネットがある2ボックス、より小さいボンネットを持つ1.5ボックスタイプの乗用車です。

ハイト（トール）ワゴンの名のとおり、室内高を通常より高くすることで乗車姿勢を起こし気味にし、それにより必要とされる居住空間を確保しながら前後の占有スペースを減らしてトランク容積を確保しています。

視界が広いため運転しやすく、乗降もしやすいなどの長所が評価され、セカンドカーとして、また女性の"足"として重宝されています。

エンジンはボンネットの中に横置きで搭載され、前輪を駆動する**FF**か、それを発展させた**4WD**が基本となっています（32頁参照）。このスタイルは小型自動車全般にも採用されており、小型・軽量化のためのパッケージの王道ともいえるものです。

このほかにも未舗装路での走行に重点を置いた**SUV**※（スポーツ用多目的車）や**スポーツカー**タイプもあります。前者は、スズキ・ジムニーや三菱・パジェロミニ（現在は生産中止）が（64頁参照）、後者はダイハツ・コペン、ホンダS660（66頁参照）、英国のケータハム・セブン160（68頁参照）などが有名です。

※ SUV：Sport Utility Vehicleの略。スポーツでもアウトドアでも街中でも、幅広く使えるクルマ

第1章 軽自動車とは何か

軽乗用車の種類

①ワンボックス

スズキ・エブリイワゴン、ダイハツ・アトレーワゴン、ホンダ・バモス、日産・NV100クリッパーリオ※ など

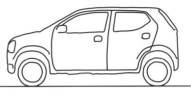

②ハッチバック

スズキ・アルト、ダイハツ・ミラ/ミライース、ホンダ・N-ONE、スバル・プレオ※、トヨタ・ピクシスエポック※、マツダ・キャロル※ など

③ハイト(トール)ワゴン

スズキ・ワゴンR/スペーシア、ダイハツ・ムーヴ/タント/ウェイク、ホンダ・N-WGN/N-BOX、三菱・eKワゴン/eKスペース、スバル・ステラ※、トヨタ・ピクシスメガ※、日産・デイズ※/デイズルークス※、マツダ・フレア※/フレアワゴン※ など

④SUV

スズキ・ジムニー/ハスラー、ダイハツ・キャストアクティバ、マツダ・フレアクロスオーバー※ など
＊三菱・パジェロミニ(現在は生産中止)

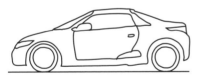

⑤スポーツカー

ダイハツ・コペン、ホンダS660、英国・ケーターハム・セブン160 など

現在の主流は1ボックス(1.5ボックス)か2ボックスタイプ。かつてはセダンタイプのキャビンとトランクがはっきりわかる形状をしたノッチバックという形式の車種があったが、居住性を高めるため人が利用する空間(キャビン)を可能な限り広くしようとすると、エンジンルームやトランクにしわ寄せがくるため、現在の形に落着いた。

※ 現在販売されている軽自動車については、スバル、トヨタはダイハツの、マツダはスズキのOEM(発注先のブランド名で販売される製品を製造すること)。また日産は、三菱との合弁会社NMKV(Nissan Mitsubishi Kei Vehicle)で共同開発し、三菱が製造している。164頁参照

◎現在の主流は軽ハイトワゴンで、全高を高くすることによって広い居住空間と運転しやすさを確保している
◎軽自動車にはSUVやスポーツカーもあり、さまざまなニーズに対応している

019

軽自動車の種類（2） 商用車

農家などでは軽トラックが重要な運搬手段として欠かせない存在になっていますし、軽バンは小売業者や宅配業者の間で活躍しています。軽商用車にはどういう特徴があるのですか。

軽商用車をボディ形状で見ると、トラックタイプとバンタイプに二分されます。同じ**プラットフォーム**[※1]などを用いて設計されているため、現在商用車を生産しているスズキ、ダイハツ、ホンダともトラックとバンのエンジンレイアウトや駆動方式（32頁参照）などは同じです。なお、2016（平成28）年に発売されたFF方式のダイハツ・ハイゼットキャディーはここでは例外とします。

■軽トラックはフルキャブ型、軽バンはセミキャブ型

現行車種を見ると、軽トラックはすべて並列2座席の**フルキャブ（キャブオーバー）型**です。これは、前輪が運転席の真下にある方式で、ドライバーは前輪軸の上に座る格好になります。軽トラックが登場した当初はフルキャブ型をはじめセミキャブ型、ボンネット型がありましたが、フルキャブ型に収斂されていきました。

フルキャブ型は荷台の長さを確保しながら**ホイールベース**（30頁参照）を短くできるうえ、前輪のホイールハウスが車内を占めることがないため、居住性や乗降性に優れています。狭い農道や山道などでは高い小回り性能が求められますから、そのニーズに応じた結果といえそうです（12頁参照）。ちなみに軽トラックのスペックは、スズキ、ダイハツ、ホンダとも全長：3395mm、全幅：1475mm、荷台長：1940mm、ホイールベース：約1900mm、最小回転半径：3.6mとほぼ同一です（上図）。

駆動方式は**FR**で、あぜ道や泥道など悪路を走ることがあるため**4WD**（パートタイム式[※2]）が選択できるようになっています。ただしホンダは**MR**で、自動的に4WDに切り替わるリアルタイム式（130頁参照）です。MRを採用したのは、空荷でも後輪にしっかり荷重がかけられるからと、メーカーでは説明しています（32頁参照）。

一方の軽バンは前輪が車体の前方に位置する**セミキャブ型**が主流となっています。軽トラックよりも高い速度での操縦安定性が求められるため、ホイールベースを長くする必要からこの形式が採用されているようです。全長および全幅は軽トラックと同じですが、ホイールベースは2420mm～2450mmと長くなっており、その分最小回転半径は4.1～4.5mとなっています（下図）。定員は2～4名です。かつてのような個人ニーズは減ってきましたが、荷室が完全にフラットになるなどの実用性の高さが宅配業者などから高い評価を受け、今でも根強いニーズがあります。

※1　プラットフォーム：クルマの基本骨格となる部分。シャシー、車台ともいう
※2　パートタイム式：ドライバーの意思で2WDか4WDを選択できる方式

第1章 軽自動車とは何か

◉ 軽トラックの車体寸法

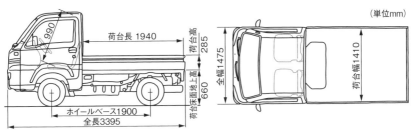

イラストは、ダイハツ・ハイゼットトラックの場合。スズキ・キャリイ、ホンダ・アクティトラックも全長、全幅、荷台長、ホイールベースはほぼ同じ値。なお、日産・NT100クリッパー、マツダ・スクラムトラック、三菱・ミニキャブトラックはキャリイの、スバル・サンバートラック、トヨタ・ピクシストラックはハイゼットトラックのOEM

◉ 軽バンの車体寸法

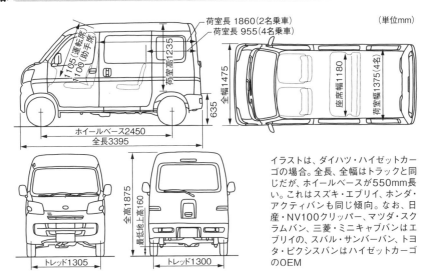

イラストは、ダイハツ・ハイゼットカーゴの場合。全長、全幅はトラックと同じだが、ホイールベースが550mm長い。これはスズキ・エブリイ、ホンダ・アクティバンも同じ傾向。なお、日産・NV100クリッパー、マツダ・スクラムバン、三菱・ミニキャブバンはエブリイの、スバル・サンバーバン、トヨタ・ピクシスバンはハイゼットカーゴのOEM

POINT
- ◎軽トラックはフルキャブ型、軽バンはセミキャブ型
- ◎軽商用車はFRが主流だがMRもあり、4WDも設定されている
- ◎軽商用車は、狭い空間を徹底的、効率的に利用している

021

3. 現在の主流、軽ハイトワゴン

3-1 軽ハイトワゴンのルーツ

現在、軽自動車の売れ筋となっているのは、軽ハイトワゴンと呼ばれるカテゴリーのものだといわれています。これはどのような種類のものを指すのですか。また、いつ頃から存在するのでしょうか。

現在、軽自動車の市場で人気のあるホンダ・**N-BOX**、ダイハツ・**タント**、スズキ・**スペーシア**などは、**軽ハイト（トール）ワゴン**と呼ばれる背の高い1.5ボックス（2ボックス）カーです。全高が通常より高く、その分広いキャビンと荷室を確保していて、5ドアが一般的です。

■登場するのが早すぎた？　ホンダ・ライフステップバン

軽自動車のカテゴリーで、背の高いワゴンタイプを振り返ってみると、360cc時代の1972（昭和47）年に発売されたホンダ・**ライフステップバン**に行き着きます。このクルマはFF方式（32頁参照）の商用車で、軽トラックのような**キャブオーバー型**（20頁参照）ではなく、装備類の差はあったものの、現在の軽ハイトワゴンに通じる"乗り手が使い方を創造でき工夫できる"モデルでした（上図）。

ただ、ボンネットがある分荷室の積載量が抑えられたため、商用車として成功したとはいえない結果に終わりました。しかしながら、シートを畳めば大型の荷物や遊び道具を積むことができる、後のレジャーヴィークルのさきがけだったといえるでしょう。

■660cc時代になって、動力性能や装備も十分に

550cc時代の軽自動車は、室内のスペースや使い勝手を誇ったというより、ターボやスーパーチャージャーを搭載して、エンジンパワーを高めたり、スポーツ性といった点をアピールしたモデルが多かったといえます（98頁参照）。

というより軽自動車文化の過渡期といった時代で、性能面でも馬力規制が導入される直前で、燃料供給システムもキャブレター方式と電子制御燃料噴射装置（92、94頁参照）を採用したモデルが入り混じっていました。

そして1990年代を迎えて、軽自動車の排気量も現在と同じ660ccとなり（46頁参照）、軽ハイトワゴンのルーツともいうべき、スズキ・**ワゴンR**が登場しました（1993（平成5）年）。

ワゴンRが出る少し前の1990（平成2）年には三菱の**ミニカトッポ**も登場していましたが、ルーフは高くなっていたものの、シート高はセダン系のミニカと変わっていませんでした（下図）。

第1章 軽自動車とは何か

＊以下の車体寸法は、発売当時の標準的なモデルのものを示しています

ホンダ・ライフステップバン

【車体寸法】全長：2995mm／全幅：1295mm／全高：1620mm／ホイールベース：2080mm

1971（昭和46）年に発売されたホンダ・ライフのプラットフォーム（20頁※1参照）に、背を高くしたボディを載せている。ライフの全高1340mmに対して280mmのアップとなっている。当時の宣伝には「まったく新しいタイプの軽商用車」「実用性の中にも乗用車的感覚が取り入れられ……」の言葉が見える。

三菱・ミニカトッポ

【車体寸法】全長：3255mm／全幅：1395mm／全高：1695mm／ホイールベース：2260mm

1990（平成2）年1月に軽自動車の規格が変更されてから2ヵ月後、新規格のミニカと同時に発売された。全高の1695mmは現在のワゴンRの1650mmよりも高い。開発のテーマは「DIY感覚あふれるFUN BOX」で、これまでにない使う楽しさを追求したという点で評価されている。

POINT
- ◎現在の軽自動車の売れ筋は、1.5ボックスの軽ハイト（トール）ワゴン
- ◎軽ハイトワゴンは、背が高く、大きなキャビンと荷室を持つ
- ◎ルーツはスズキ・ワゴンRといえるが、ホンダ・ライフステップバンも存在した

023

軽ハイトワゴン人気の理由

現在の軽ハイトワゴン人気は、いつ頃、どんな車種が元になって始まったのですか。また、どのような理由で人気が上がっていったのでしょうか。

▮軽ハイトワゴン人気はワゴンRから始まった

　前項で、スズキ・ワゴンRを「軽ハイトワゴンのルーツといえる」と表現しましたが、1993（平成5）年にワゴンRが登場するまで、軽自動車は背の低い乗用タイプのハッチバックやワンボックスバン（20頁参照）、ホンダ・ビートなどのスポーツタイプのオープンカー（18頁参照）が主流でした。

　単純にルーフを高くして居住空間を広げた三菱・ミニカトッポやスズキ・アルトハッスルといった異端児もありましたが、広く発展はしませんでした。

　そんな中、ワゴンRは天井の高さはもちろん、シート下のフロアを二重パネルとして着座ポイントを上げ、膝周りに余裕を持たせています。これにより室内が広くなるとともに、楽な着座姿勢が取れるようになりました（上図）。

　ワゴンRは当初男性ユーザーが多かったようですが、車内が広いため子育て中の女性ユーザーからも多くの支持が得られ、このことが軽ハイトワゴンの人気につながっていったのです。

▮女性ドライバーの心をつかんだダイハツ・タント

　ワゴンRの発売から2年後の1995（平成7）年に登場したダイハツ・ムーヴ、1997年（平成9）年のホンダ・2代目ライフ（1974（昭和49）年の生産終了以来の復活）、その翌年の三菱・トッポBJ（前述のミニカトッポの後継）と、同カテゴリーのクルマが続々と発売され、軽ハイトワゴンは軽自動車の主流として確立されることになりました。

　そんな中、2003（平成15）年に登場したダイハツ・タントは、女性ドライバー、特に子育て中の主婦層の心をつかんで成功したモデルです（下図）。

　チャイルドシートの利用や車内での授乳、おむつ交換や着替えが楽にできる空間を十分に確保しており、それまで売れ筋だったムーヴをさらに高くした全高は1700mmを超えていました。

　その後発売されたホンダ・N-BOX、スズキ・スペーシア、ダイハツ・ウェイク、三菱・eKスペースなど、全高が1700mmを超えるモデルを**軽スーパーハイトワゴン**と呼ぶこともあります。

第1章 軽自動車とは何か

⚙ スズキ・ワゴンR

【車体寸法】全長：3295mm/全幅：1395mm/全高：1640mm/ホイールベース：2335mm

ワゴンRの全高1640mmは、当時主流だったハッチバックスタイルの軽乗用車に比べてかなり高いものだった（同時期のアルトの全高が1385mm）。消費者の圧倒的な支持を受けて絶大な人気を誇ったが、発売翌年にRCJカーオブザイヤーを受賞したことからもわかるように、専門家の評価も高かった。

⚙ ダイハツ・タント

【車体寸法】全長：3395mm/全幅：1475mm/全高：1725mm/ホイールベース：2440mm

タントの全高1725mmは、当時の同社の売れ筋ムーヴの1630mmよりもはるかに背を高くした規格外といえるモデル（全長、全幅は同じ）。高さだけでなく、ホイールベースも当時の軽自動車最大で、これによってこれまでにない居室空間を確保した。初代軽スーパーハイトワゴンともいえる。

POINT
◎軽ハイトワゴンの人気はスズキ・ワゴンRから始まった
◎軽ハイトワゴンはただ荷物をたくさん積載できるだけでなく、女性ドライバーのニーズを考えた設計がされている

025

3-3 軽ハイトワゴンの人気モデル

現在売れ筋になっている軽ハイトワゴンには、どのようなモデルがあるのですか。また、OEM生産モデルにはどのような車種があるのでしょうか。

現在人気のある軽ハイトワゴンは、スズキのワゴンR、スペーシア、ダイハツのムーヴ、タント、ホンダのN-BOX（上図）/N-WGN、三菱のeKワゴン/eKスペース（下図）といった車種です。

■たくさんの種類がある軽ハイトワゴン

現在、軽自動車を製造しているメーカーは、スズキ、ダイハツ、ホンダ、三菱の4社です。スバルやマツダはすでに軽自動車の生産から撤退しており（48頁参照）、現在両社の名前で販売されている多くのモデルは、OEM（19頁※参照）生産モデルになります（ホンダは他社に対してのOEM供給をしていない）。

トヨタ、スバルと関係が深いダイハツは、トヨタ名ピクシスメガ、スバル名シフォンとして、ウェイクとタントをOEM供給しています。また、日産のデイズはNMKV（19頁※参照）で開発し、三菱が製造しているeKワゴンの兄弟車ですが、販売はかなり順調なようです。さらに、スズキのワゴンRはマツダ名フレア、スペーシアはフレアワゴンとして販売されおり、MRワゴンは日産・モコという名で、2016（平成28）年まで販売されていました（OEMの車種については164頁参照）。

■軽ハイトワゴンは日本車のスタンダードになる?

さて、ここまで軽ハイトワゴンについて説明してきましたが、今後このカテゴリーはどういった展開をしていくのでしょうか。

元来、軽自動車は日本のシティコミューターとしての役割を与えられていました。サイズ的にも、搭載されるエンジンもその時々のもっとも小さなものでしたが、現在は草創期の360ccの2倍近い排気量が与えられており（660cc）、ターボ付きに至っては動力性能においても1000ccクラスのコンパクトカーと比べて見劣りしないレベルになっています。

そのような中で軽ハイトワゴンは、しっかりとしたエンジンと充実した装備を備え、動力性能と安全性能にも優れたモデルで、自家用車を所有するという満足感を十分に満たしてくれます。税金が上がったとはいえ、まだまだ小型車・普通車に比べて優遇されており、軽自動車、特に軽ハイトワゴンは、日本のスタンダードと呼べるクルマに育っているといっても過言ではないと思います。

第1章 軽自動車とは何か

ホンダ・N-BOX

【車体寸法】全長：3395mm/全幅：1475mm/全高：1780mm/ホイールベース：2520mm

全高1780mmと、軽ハイトワゴンの中でも特に広い居室空間と高いデザイン性を誇り、非常に人気がある。N-BOXシリーズ(N-BOX、N-BOX＋、N-BOX SLASH)の累計販売台数は107万台を超えており、2015、16年と2年連続で軽四輪車新車販売台数1位(一般社団法人全国軽自動車協会連合会調べ)を獲得した。※ 2017年8月のフルモデルチェンジで全高は1790mmに

三菱・eKスペース

【車体寸法】全長：3395mm/全幅：1475mm/全高：1775mm/ホイールベース：2430mm

eKワゴンに続いてNMKVで開発された軽自動車第2弾。eKスペースの全高1775mmは、eKワゴンより155mmも高く、ホンダ・N-BOXと同レベル。広さに余裕があり、特にリヤシートの居住性がよい。兄弟車である日産・デイズ/デイズルークスも高い人気を誇る。

POINT
- ◎現在軽自動車を生産しているのは、スズキ、ダイハツ、ホンダ、三菱の4社
- ◎軽自動車が登場して約70年、軽ハイトワゴンは軽自動車のみならず、日本車にとって欠かせないカテゴリーへと成長してきた

COLUMN 1

軽自動車の思い出①
昔の軽は強かった?

筆者の父は、1965（昭和40）年頃、大阪の信用金庫に勤務していました。ホンダ・スーパーカブで市内まで通勤するとともに、仕事（営業）もこなしていました。

その当時、マイカーを持っている人はまだまだ少ない時代でしたが、幸運なことに筆者の父はクルマ好きで、早くから「軽自動車」とはいうもののマイカーを所有していました。

そのクルマは、この本にも何度か登場する「ホンダN360」（50頁参照）という車種で、筆者がクルマ好きになるきっかけになったものです。

"軽自動車の思い出"というテーマで真っ先に思い浮かぶのは、初めて経験した自動車事故のことです。

それは小学校低学年の夏休み、私と4歳年上の兄が奈良の田舎に遊びに行こうとした際のことでした。場所は吉野郡の山間の村で、当時はまだ全面的に舗装されていないワインディングロードが多数存在しました。父の運転するN360に家族4人が乗車して、山道を登っていく際に、突然現れた大型のダンプカーと正面衝突しました。

360ccの軽自動車で上り坂を登っていたので、たぶん速度は30km/hもでていなかったと思います。衝突時、N360はダンプカーのフロントバンパーの下に潜り込んで停止しました。フロントガラスが割れることもなく、エンジンもかかってそのまま無事に走り続けることができ、田舎に到着しました。

事故で変形したボンネットは、後日父が修理に出したのでしょうが、後席に乗っていただけの私は、速度が低かったことやうまくダンプカーの下に潜り込むことができことには気がつかずに「360ccの軽自動車とはいえ、正面衝突しても壊れないものなんだなあ」という記憶だけが残りました。

その後50年以上が経過して、筆者はずっと自動車に乗っていますが、幸いにもこの事故に匹敵するほどの大きな事故に遭遇することはありませんでした。

第2章

軽自動車の移り変わり

Change of kei cars

1. 軽自動車のサイズと性能

1-1 排気量と車体寸法（ボディサイズ）

軽自動車は総排気量（エンジンの大きさ）も車体の大きさも規格で決められていますが、排気量とはどういうことなのか、また、車体寸法はどう決められているのか教えてください。

乗用車を"大きさ"を基準にして分類するには2通りの考え方があります。1つはエンジンの大きさ、もう1つは車体の大きさです。

■エンジンの大きさは「総排気量」で表す

現在、国内で生産・販売されている自動車（乗用車）用エンジンで最小のものは、**軽自動車**に搭載されるものです。一般にエンジンの大きさは**総排気量**で表現されます。これは、エンジン内部で**ピストン**が上下する空間の容積を**シリンダー**の本数分合計したものです（上図、78頁参照）。

軽自動車のエンジンは、ピストンを3つ備えたもの（3気筒＝3シリンダー）が多く（80頁参照）、一般にピストン1つあたりの排気量が220ccで、総排気量は"220cc×3気筒＝660cc"となります（軽自動車の規格は660cc以下）。

軽自動車より大きな乗用車に関しては、総排気量＝2000ccが基準となっていて、660ccより大きく2000cc以下のクルマを**小型自動車**、2000cc以上であれば**普通自動車**と分類しています（10頁参照）。

■車体寸法（ボディサイズ）は全長、全幅、全高で表す

車体の大きさについては、クルマの形がどうであっても、車体の長さ、幅、高さで表します。

現在、軽自動車の規格は**全長**3.4m以下、**全幅**1.48m以下、**全高**2.0m以下、小型自動車は全長4.7m以下、全幅1.7m以下、全高2.0m以下となっており、それより大きいものは普通自動車に登録されます（10頁参照）。

軽自動車、小型車、普通車の分類はナンバープレートの違いだけでなく、税金や保険料、車検費用といった点で差がついているので注意が必要です。

なお、車体寸法関連の用語として、**ホイールベース**（軸距）と**トレッド**（輪距）を覚えておいてください。下図のようにホイールベースは前輪と後輪の中心を結んだ距離、トレッドは前輪、後輪のタイヤ幅の中心をそれぞれ結んだ距離のことをいいます。車体寸法が似通った車種を比較する場合、ホイールベースとトレッドが大きければ、タイヤがボディの四隅に配置されることになるので、直進性や旋回時の安定性に優れると判断することができます。

第2章 軽自動車の移り変わり

排気量と総排気量

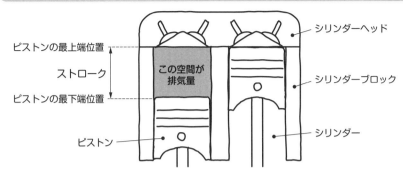

排気量（シリンダー面積×ストローク）×気筒（シリンダー）数＝総排気量
※この図の場合、気筒数は「2」になる

車体寸法（ボディサイズ）

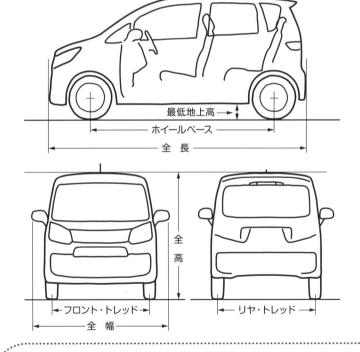

POINT
- ◎総排気量＝排気量×気筒（シリンダー）数
- ◎車体寸法は、全長、全幅、全高で表す
- ◎ホイールベースとトレッドから、ある程度のクルマの性格がわかる

エンジン搭載位置と駆動輪の関係

FFやFRがエンジンの搭載位置と駆動輪の関係を表すことは知っていますが、そのほかにどんな種類があり、それぞれどのような特徴を持っているのですか。

(1) FF (フロントエンジン・フロントドライブ) 方式

ボディの前方にエンジンを搭載し、動力を伝達する部品をすべてフロントに集中させて前輪を駆動します。ハンドル操作も含めて、走るために必要な機構の大部分が前輪側に集まっている方式で、**客室（キャビン）** 空間を広く取れることがメリットですが、クルマの重量バランスが前輪側に偏るという問題があります。現在の乗用タイプの軽自動車のほとんどがこの方式を採用しています（図①）。

(2) FR (フロントエンジン・リヤドライブ) 方式

前方にエンジンを搭載し、トランスミッションは運転席の横辺りにレイアウトされます。回転力はプロペラシャフトで後輪まで送られた後、ディファレンシャルで左右に分配されて後輪を駆動します。FFが普及する以前の主流で、前後の重量バランスがよく、前輪はハンドル操作に特化できることが特徴です。現在、ワンボックスタイプの軽自動車や軽トラックの多くがこの方式を採用しています（図②）。

(3) MR (ミッドシップエンジン・リヤドライブ) 方式

スポーツタイプのクルマに用いられる方式で、エンジンはシートの後方、ボディの中央付近に置かれ、後輪を駆動します。重量バランスがよく、特に速いスピードで旋回する場合の操作性に優れることが特徴です。軽自動車では、ホンダS660、バモス、アクティバン、アクティトラックなどが採用しています（図③）。

(4) RR (リヤエンジン・リヤドライブ) 方式

FFの逆の考え方で、エンジン、動力を伝達する部品をリヤに集めて後輪を駆動します。重量物が駆動輪の上に集まることで、タイヤがスリップせずに駆動力がムダなく伝わるというメリットがあり、360cc時代の軽自動車が、室内スペースを広くするためにこの方式を採用していました（図④）。

(5) 4WD (フォーホイールドライブ／4輪駆動) 方式

この方式は、ベースがFRなのか、FFなのかでレイアウトが違ってきます。イラストでは、乗用車で主流のFFをベースに、雪の多い地域に向けて4WD化した例（生活四駆、130頁参照）を掲載しています。逆にオフロード走行を主体に考えられた4WDは、FRをベースにして、複雑な機構を持つものが少なくありません（図⑤）。

エンジン搭載位置と駆動輪の関係

①FF(フロントエンジン・フロントドライブ)
現在の乗用車タイプの軽自動車のほとんどがこの方式

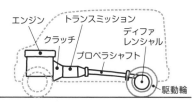

②FR(フロントエンジン・リヤドライブ)
現在のワンボックスタイプの軽自動車、軽トラックのほとんどがこの方式

③MR(ミッドシップエンジン・リヤドライブ)
ホンダS660/バモス/アクティバン/アクティトラックなどがこの方式。過去には、ホンダ・ビート、マツダ・オートザムAZ-1などのスポーツカーが採用

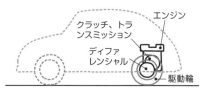

④RR(リヤエンジン・リヤドライブ)
過去には、スズキ・フロンテ(2〜4代目)、スバル360/R-2/レックス/サンバー、マツダR360クーペなどが採用

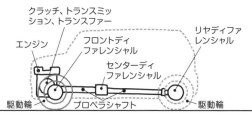

⑤4WD(フォーホイールドライブ/4輪駆動) ※FFベースの場合
現在の軽自動車のほとんどの車種に4WDモデルが設定されている

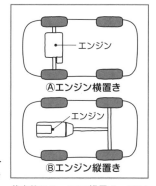

基本的には、FFは横置き、FRは縦置きが多くなる。MRは両方が存在する

- ◎乗用タイプの軽自動車は、車内空間を広く使えるFF方式を採用している
- ◎エンジンや駆動系の部品など、重量の大きなパーツをどのようにレイアウトするかでクルマの個性が生まれる

性能を知るための用語

カタログなどを見ていると、必ず出てくるのが「トルク」と「出力(馬力)」です。エンジンの性能を表す言葉だということはわかっていますが、具体的にどんなことを意味しているのですか。

本来なら第3章に入れるべきテーマですが、これ以降の項目で頻出するので、ここでトルクと出力(馬力)について簡単に説明しておきます。

■トルクとは何か

トルクは、一言でいえば"タイヤを回そうとする力"のことです。身近な例で考えると、例えば上左図のようにスパナでボルトを締めようとしたとき、ボルトの中心に加えられる"ボルトを回そうとする力"がトルクということになります。

実際のエンジンが発生する**軸トルク**は、上右図のように考えればいいでしょう。上左図のLにあたるのが**クランクアーム**の長さ、Fにあたるのが**燃焼圧力**によってピストンに加わる力で、軸トルクを大きくするためには、LあるいはFを大きくすればいいということになります。これを実際のエンジンで実行するには、次のような方法が考えられます。

①**ロングストローク**にしてクランクアームを長くする(79頁参照)
②排気量アップやターボ装着(96頁参照)により燃焼圧力を大きくする

ただ、①は**ピストン**の往復にかかる時間が長くなるため、高速回転にすることができなくなる、②はエンジンを大きくするため各部の強度を上げなければならないなど、デメリットがあったり、対策が必要になります。

なお、カタログなどに書かれた最大トルクの数値は「kgf・m (kg・m)」で表記されていましたが、現在は「N・m」となっています(併記されていることが多い)。

■出力(馬力)=トルク×回転数×係数

出力は"単位時間あたりに行った**仕事量**"を表します。出力が大きいほど重いものを動かすことができます。以前は出力を馬力で表して、1馬力=75kgのものを1秒で1m持ち上げる能力と定義していましたが、現在は単位として「kW」を用いるようになっています(カタログではkWと**PS**を併記していることが多い)。

下図は、ある軽自動車エンジンのトルクと出力を表した**性能曲線図**です。トルクと出力には、出力(馬力)=トルク×回転数×係数という関係があるので、トルクが低いエンジンでも高回転までスムーズに回るのであれば、出力は大きくなるということができます。

第2章 軽自動車の移り変わり

◎ トルクの考え方

ボルトをより強く締めつけるには、Lを伸ばす(＝もっと長いスパナを使う)か、Fを大きくする(今よりも大きな力を加える)必要がある。

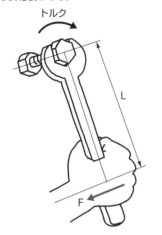

◎ 軸トルクとは

軸トルクを大きくするには、Lを伸ばす(＝クランクアームを長くする)か、Fを強力にする(燃焼圧力を大きくする)方法が考えられる。

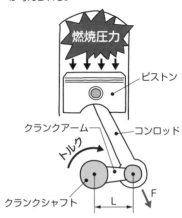

◎ 軽自動車のエンジン性能曲線

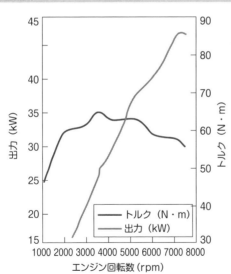

現在の一般的な軽自動車の出力は40kW(50PS)台だが、1960年代の半ばまでは、せいぜい20PS程度だった。ただ、車両重量も400kg前後と軽かったため(現在は約700〜900kg台)、ユーザーの要求レベルはそれほど高くなかった。

> **POINT**
> ◎トルクはエンジンの回転力、出力はエンジンの仕事量を表す
> ◎軸トルクを大きくするには、燃焼圧力を高めるか、クランクアームの長さを長くする。出力を高めるには、エンジンを高回転型にする

035

2. 軽自動車の誕生と規格の変遷

2-1 戦後から1949年までの動き

1945(昭和20)年、第二次世界大戦に無条件降伏した日本は、GHQの支配下にあって乗用車の生産は許されていなかったといいますが、そんな中で戦後数年間自動車業界にはどのような動きがあったのですか。

敗戦の年、国内では、GHQ(連合国総司令部)により民生用(一般用)のトラックの生産だけが許可されていました。

当然、軽自動車規格などあるわけもないので、少し軽自動車の話とは離れる部分もありますが、戦後まもなくの国内の自動車業界の動きがどうであったのか見てみましょう。

■終戦後しばらくはトラック、オート三輪が中心の時代

終戦後まもなく、東洋工業(現マツダ)が三輪トラック(**マツダGA型**)の生産を開始します。これは、オートバイに荷台を付けたようなもので、現在のクルマとは違う乗り物といえます(上図①)。

また、三菱重工業水島機器製作所は「**みずしま**」という三輪トラックを生産していました(上図②)。こうしたオート三輪に加え、オートバイが現在の軽自動車と同じような役目を担っていたといえるでしょう。

1947(昭和22)年、GHQにより1500cc以下の乗用車の生産が許されます(年間300台)。日産は戦前の**ダットサン**を生産しましたが、もともとダットサンは軽自動車の元祖ともいえるもので、戦前は免許証がなくても乗れたことから、大人気だったクルマです。シャシーは戦前型を引き継ぎ、ボディを取り換えたものでしたが、さすがに古さを感じさせました。

■トヨペットSA型乗用車を発売

トヨタは、1947年に乗用車として設計した**トヨペットSA型**を発売しました(下図)。エンジンは1000ccで、シャシー、サスペンションは先進的なものとしましたが、当時の国内の悪路に適さなかったこともあり販売的には失敗しています。

当時は、どのメーカーも焦土の中での苦しい再出発であり、製造、販売にはかなりの苦戦を強いられました。ただ、こうした中で、庶民の足としての自動車への思いも強くなり、後の「より安価な軽自動車を」という部分に結びついた面は否定できません。

戦後の復興が進むとともに、それが後の「**国民車構想**」(40頁参照)から現在の軽自動車へとつながっていくといえるでしょう。

第2章 軽自動車の移り変わり

三輪トラックの例

①マツダGA型

◎全長：2800mm
◎全幅：1196mm
◎全高：1240mm
◎ホイールベース(軸距)：1800mm
◎車両重量：580kg
◎最大積載量：500kg
◎エンジンの種類：空冷単気筒
◎総排気量：669cc
◎最高出力：13.7PS/3200rpm
◎最大トルク：3.5kgf・m/2400rpm

②三菱重工業水島機器製作所・みずしまTM3型

◎全長：2797mm
◎全幅：1750mm
◎全高：1197mm
◎ホイールベース(軸距)：1880mm
◎車両重量：585kg
◎最大積載量：500kg
◎エンジンの種類：空冷単気筒
◎総排気量：744cc
◎最高出力：13.5PS/3000rpm

トヨペットSA型(1951年型)

◎全長：3800mm
◎全幅：1590mm
◎全高：1530mm
◎ホイールベース(軸距)：2400mm
◎車両重量：1170kg
◎エンジンの種類：水冷直列4気筒
◎総排気量：995cc
◎最高出力：27PS/4000rpm

POINT
◎終戦時、自動車の生産にはGHQの許可が必要だった
◎1947(昭和22)年、GHQにより1500cc以下の小型乗用車の生産が許可された(年間300台)

軽自動車規格の制定と変更(その1)

1949(昭和24)年に軽自動車の規格が初めて制定されますが、それによってどのような動きが生まれたのですか。また、その頃の自動車業界はどんな様子だったのでしょうか。

1949(昭和24)年7月に「**軽自動車**」の規格が誕生しました。上図の一番上の■の部分ですが、軽自動車とはいうものの、二輪、三輪、四輪の区別はなく、この規格は二輪車を想定したものといえます。

◤軽自動車の規格はできるが、主役はまだオート三輪

翌年の7月には「軽自動車三輪及び四輪」という規定ができました。上図の真ん中の■の部分ですが、この規定によって、大宮富士工業の**ダイナスター**や光栄工業の**ライトポニー**(下図)など、スクーターをベースにした三輪車が登場しました。

戦後のモータリゼーションはオートバイから始まり、商用として使われるようになって、荷物を運ぶ実用品としてのトラック需要が一層高まりました。東洋工業(現マツダ)、ダイハツ、日本内燃機(くろがね)といった戦前からのメーカーに加え、三菱水島、愛知機械工業などが**オート三輪**を積極的に市場投入し、百花繚乱(ひゃっかりょうらん)という様相を呈していました。

そのような状況の中、1951(昭和26)年8月には軽自動車のエンジン規定が、4サイクル:360cc以下、2サイクル:240cc以下に改められます。ここでようやく、軽四輪自動車が製作可能になったといえます(上図一番下の■の部分)。

◤海外メーカーとの提携で技術を学ぶ

ちなみにこの時代は、トヨタ、日産といった大メーカーにとっても大変な時代であり、特にトヨタは1949(昭和24)年から経営危機にあえぐほどでした。翌年朝鮮戦争が勃発したことによるいわゆる「朝鮮特需」は、経営危機に直面していたトヨタなどの自動車メーカーが立ち直るきっかけだったといっていいでしょう。アメリカ軍はトラックを調達するために、トヨタや日産に大量に発注したのです。

1951(昭和26)年9月に締結されたサンフランシスコ条約で、日本は占領体制から独立し、乗用車にも目が向けられます。これは国の将来の輸出品目とする目論見からでした。こうした経緯もあり、海外のメーカーとの提携が進められます。日産とオースチン、いすゞとルーツ、日野とルノーの提携が代表的なものです。トヨタは自主開発を目指し、トヨペット・クラウンを開発しますが、発売は1955(昭和30)年とまだ先の話です。

第2章 軽自動車の移り変わり

軽自動車規格の制定と変更(1951年までの三輪、四輪に関わる主なもの)

施行日	規格の主な変更内容
1949(昭和24)年 7月8日	■軽自動車の規格制定　※二輪、三輪、四輪の区別はない ◎長さ：2.8m以下　◎幅：1.0m以下　◎高さ：2.0m以下 ◎排気量：4サイクル=150cc以下、2サイクル=100cc以下
1950(昭和25)年 7月26日	■軽自動車の中に二輪、三輪、四輪の区別を設ける 〔三輪・四輪〕 ◎長さ：3.0m以下　◎幅：1.3m以下　◎高さ：2.0m以下 ◎排気量：4サイクル=300cc以下、2サイクル=200cc以下
1951(昭和26)年 8月16日	■三輪・四輪の排気量を拡大 ◎排気量：4サイクル=360cc以下、2サイクル=240cc以下

ライトポニー

1952(昭和27)年に兵庫県西宮市の光栄工業が開発。前部のボックスの中には前輪とエンジン、その周りの駆動系が収められている。そのため、小回りが利き、本来の三輪トラックとしてよりも工場や倉庫での運搬用としての需要が高まった。エンジンは4サイクル単気筒で、排気量は175cc、最高速度は45km/h。

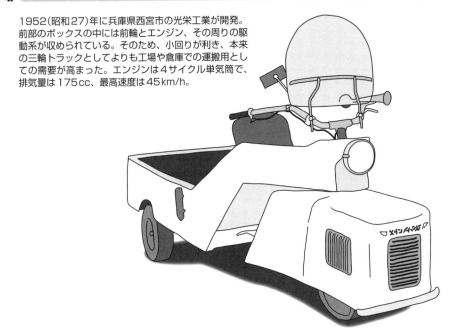

POINT
◎最初の軽自動車の規格は、実質的には二輪車を想定したものだった
◎1950(昭和25)年の規格変更によって、スクーターをベースにした三輪トラックが誕生した

軽自動車規格の制定と変更（その２）

前項で「1951年の規格変更によりエンジンの排気量がアップしたことで、ようやく四輪車製造に足るものとなった」という意味のことが書かれていましたが、具体的にはどのような「軽自動車」が発売されたのですか。

1951（昭和26）年8月の規格変更により、実質的な軽四輪自動車の製造・発売が可能になりましたが、この当時、トヨタ、日産という大メーカーは普通車規格の5〜6トン積みのトラックをメインに製造していました。乗用車にはユーザーがまだそれほど見込めなかったことや、コストが高かったことなどがその理由です。

■オートサンダルが軽乗用車の先陣を切って登場

軽乗用車として最初に登場した四輪車は、1952（昭和27）年に発表されたオートサンダル軽自動車製造（中野自動車工業が母体となって設立）の**オートサンダル**といわれています（社名は後に日本オートサンダル自動車に変更）。

ロードスタータイプ（2人乗りのオープンカー）で市販されたのは約200台といわれていますが、数年にわたって販売し話題になりました。中野自動車工業の中野嘉四郎が、戦前に三輪トラックのヂャイアントをつくった経験を持っていたのも強みだったのでしょう。

同車は1954（昭和29）年にはフルモデルチェンジし、エンジンを換装[※1]して2サイクル2気筒238cc、最高出力10ps/5000rpmとしました（図①）。

■フライングフェザーが話題となり、後の「国民車構想」につながる

1954（昭和29）年前後は軽四輪車の黎明期ともいえる時代となりました。1953（昭和28）年には、横浜にあった日本自動車工業が**N・J**というクルマを発売します。N・Jは社名のNippon Jidousyaのイニシャルをとったものですが、エンジンはV型2気筒（78頁参照）でこれをリヤに搭載した**RR方式**（32頁参照）でした。ボディは**モノコック構造**[※2]、オートサンダルと同じロードスタータイプが基本でした（図②）。

その後にも、市販には至らなかったものの、三光製作所のテルヤン、太田スピードショップのオーミック、石川島芝浦機械の芝浦軽四輪MR-2型などが製作されました。

そして1954（昭和29）年には、住江製作所が**フライングフェザー**を発表し、翌年から販売を開始しました。

1年で生産が中止されているためセールス的に成功したとはいえませんが、日産にいたデザイナーである富谷龍一が中心になったことなどから、完成度の高いイメージが注目され、後の「**国民車構想**」のきっかけになったといわれています（図③）。

※1　エンジン換装：搭載されているエンジンを取り外して、別のエンジンに載せ換えること
※2　モノコック構造：ボディ全体に強度を持たせたフレームのない構造

第2章 軽自動車の移り変わり

軽四輪車の黎明期

①オートサンダル(1954年型)

- ◎全長:2810mm
- ◎全幅:1200mm
- ◎全高:1240mm
- ◎ホイールベース(軸距):1570mm
- ◎車両重量:400kg
- ◎エンジンの種類:2サイクル直列2気筒
- ◎総排気量:238cc
- ◎最高出力:10PS/5000rpm

②N・J(1954年型)

- ◎全長:2910mm
- ◎全幅:1200mm
- ◎全高:1200mm
- ◎ホイールベース(軸距):1650mm
- ◎車両重量:450kg
- ◎エンジンの種類:空冷4サイクルV型2気筒
- ◎総排気量:358cc
- ◎最高出力:12PS/4000rpm
- ◎最大トルク:2.3kgf・m/2600rpm

③フライングフェザー(1955年型)

- ◎全長:2767mm
- ◎全幅:1296mm
- ◎全高:1300mm
- ◎ホイールベース(軸距):1900mm
- ◎車両重量:425kg
- ◎エンジンの種類:空冷4サイクルV型2気筒
- ◎総排気量:350cc
- ◎最高出力:12.5PS/4500rpm

POINT
- ◎1954(昭和29)年前後には、小さなメーカーが意欲的に軽四輪車を開発したが、成功に至るのは難しかった
- ◎フライングフェザーは完成度の高さから話題となり、人気を集めた

排気量360cc時代（1955年〜1975年）

自動車関連の本には、1955（昭和30）年は軽自動車にとって、また自動車業界にとって非常に大きな意味を持つ年だと書かれていますが、これはどのような理由によるのですか。

■軽自動車の本格的な飛躍をもたらした排気量360ccへの統一

1955（昭和30）年4月1日から、規格変更によって4サイクルと2サイクルの別が撤廃され、三輪・四輪車の排気量が360cc以下に統一されました（上図）。

小排気量エンジンの場合、4サイクルより2サイクルのほうが出力を出しやすいこともあり、この変更は大きいものでした（74頁参照）。それまでの軽自動車は「とりあえず走る」という状況でしたが、当時の技術で「快適に走る」レベルにするには"2サイクル・360cc"が必要だったといえるでしょう。

新時代の先頭を切ったのは鈴木自動車工業（現スズキ）のスズライトです（52頁参照）。完全独自設計というわけではなく、ベースとなったのはドイツのロイトLP400でした。ロイトはスバル360（50頁参照）の参考になったともいわれています。

この年は、通産省（当時）が国民車構想を掲げた年でもありました。正式なものではなく、新聞のスクープ記事として世に出ました。主な内容は、25万円以内の車両価格で時速100km/h以上というもので、当時の国産メーカーの技術力では非常にハードルが高いものでした。

この年、日本の本格的なモータリゼーションの幕開けを告げるトヨペット・クラウンが発売されていたため、国民車構想は大きな注目を集めました。

■次々に発売された360ccの軽自動車（下図）

1958（昭和33）年には、クルマの大衆化の決定打となったスバル360が発売されました（50頁参照）。当時としては高性能であったこと、大人4人が乗車できる室内空間を確保したこと、価格が42万5000円とクラウンの半分以下となったことなどがヒットの要因でした。

その後、三輪から四輪に参入していた東洋工業（現マツダ）が、1960（昭和35）年にマツダR360クーペを30万円で販売したことで人気となります（54頁参照）。1962（昭和37）年には三菱がミニカを、スズキがスズライト・フロンテを発売。さらに1966（昭和41）年は本格的に4輪に軸足を移していたダイハツがフェローを（52頁参照）、翌年には二輪メーカーから脱皮したホンダがホンダN360を発売しました（50頁参照）。

第2章 軽自動車の移り変わり

排気量360cc時代の規格

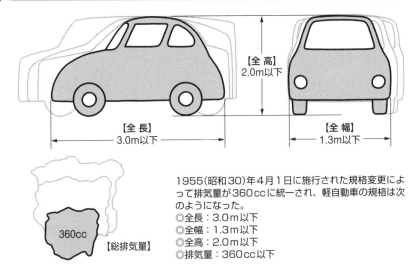

1955(昭和30)年4月1日に施行された規格変更によって排気量が360ccに統一され、軽自動車の規格は次のようになった。
◎全長：3.0m以下
◎全幅：1.3m以下
◎全高：2.0m以下
◎排気量：360cc以下

排気量360cc時代の主なできごと：1955年4月1日〜1975年12月31日

年	主なできごと
1955年	◎スズキ・スズライト発売
1958年	◎スバル360発売　◎軽自動車税の創設
1960年	◎マツダR360クーペ発売
1961年	◎三菱360発売(54頁参照)
1966年	◎ダイハツ・フェロー発売　◎自動車排ガス規制開始
1967年	◎ホンダN360発売
1968年	◎軽自動車免許の廃止　◎自動車取得税の新設
1971年	◎自動車重量税の新設
1973年	◎昭和48年排出ガス規制
	◎軽自動車の車検を義務化
1975年	◎黄色のナンバープレート制定
	◎昭和50年排出ガス規制(日本版マスキー法)

◎4サイクルと2サイクルの別が撤廃され、排気量が360ccに統一されたことで、軽自動車開発の素地が整った
◎排気量360ccの時代は1975(昭和50)年まで約20年間続いた

排気量550cc時代（1976年〜1989年）

1976（昭和51）年に軽自動車の規格が20年ぶりに変更されますが、これはどのような理由によるのですか。また、変更によってどんな動きが生まれてきたのでしょうか。

　規格変更によって排気量が550cc以下に拡大されるとともに、全長が3.2m以下、全幅が1.4m以下に変更されました。排気量が190cc、全長20cm、全幅が10cm拡大したのは、公害対策のための出力ダウン分を補うための余裕が欲しかったことが要因といえます（上図）。1975（昭和50）年から厳しくなっていく**排出ガス規制**は軽自動車でも避けられないものであり、ボディ拡大は安全性の向上のためでした。

◼各社とも当初は360ccを拡大した500ccで対応

　各メーカーは応急的な対策でラインナップをそろえました。初期には2サイクルで対応したスズキと、排ガスで有利となる4サイクルで対応する他メーカーに分けられます（74頁参照）。新規格車としてほぼ同時に登場したのが三菱・ミニカ5とスバル・レックス5でした（58頁参照）。両車は旧モデルでも4サイクルエンジンを採用しており、それを500ccまで排気量アップしたいわば移行期仕様でした。

　最初に登場した550ccの軽自動車がダイハツ・フェローMAX550で、1976（昭和51）年5月。これに対してスズキは2サイクルにこだわり同年6月に360ccを450ccに拡大したフロンテ7-Sを投入、翌年6月に550ccを発売しました。

◼安価で実用性に徹したアルトが大ヒット、軽ボンネットバンが人気に

　1979（昭和54）年は、スズキ・アルトの登場が話題となりました（56頁参照）。軽自動車も高級志向によって装備が豪華になるにつれて、小型車と軽自動車の価格差が縮まり、販売台数が落ち込んでいたところを、コストをぎりぎりまで切り詰めた47万円という価格が話題となりました。

　当時の**物品税**が乗用車にはかかるものの、商用車にはかからないことに目をつけたのもポイントです（その後、課税（下図））。スズキは商用車として発売しましたが、事実上、乗用車として使えるというクルマでした。

　ボンネットバン（ボンバン）とも呼ばれ、安価でシンプルながら性能的には十分ということで爆発的ヒットとなります。1980（昭和55）年にはダイハツがミラを投入（56頁参照）。これで「軽ボンバン」人気にさらに拍車がかかりました。

　また、1983（昭和58）年には三菱がミニカエコノに軽自動車初の**ターボ**を装着（58頁参照）、高出力化の流れが生まれ、その後どんどんと過熱していきました（98頁参照）。

第2章 軽自動車の移り変わり

排気量550cc時代の規格

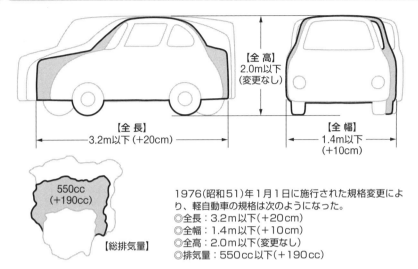

1976(昭和51)年1月1日に施行された規格変更により、軽自動車の規格は次のようになった。
◎全長：3.2m以下(+20cm)
◎全幅：1.4m以下(+10cm)
◎全高：2.0m以下(変更なし)
◎排気量：550cc以下(+190cc)

排気量550cc時代の主なできごと：1976年1月1日〜1989年12月31日

年	主なできごと
1976年	◎昭和51年排出ガス規制
1978年	◎昭和53年排出ガス規制
1979年	◎省エネルギー法制定
	◎スズキ・アルト発売
1980年	◎ダイハツ・ミラ(ミラ・クオーレ)発売
	◎軽ボンネットバン(軽ボンバン)人気
1981年	◎ライトバンへの物品税課税(5%)
1983年	◎車両法改正(新車乗用・車検3年)
	◎軽初のターボ車登場(三菱・ミニカエコノ)
1984年	◎物品税の引き上げ(軽乗用：15%→15.5%、軽バン：5%→5.5%)
1987年〜89年	◎軽の高出力化競争、64PS自主規制
1989年	◎消費税導入(3%)による自動車物品税廃止

◎1970年代末からは、軽ボンネットバンが人気を博すなど、軽自動車が本格的に利便性に優れたクルマとして定着した
◎1980年代後半には、ターボによる高出力競争が繰り広げられた

排気量660cc時代（その1：1990年〜1998年）

1989（平成元）年に消費税が導入され、日本中が大騒ぎとなりましたが、軽自動車に関してはどんな影響があったのですか。また、翌年の規格変更によってどのような動きが生まれたのでしょうか。

■消費税導入により、商品力のアップが必須に

　前述したように、550cc時代の最後には高出力競争が繰り広げられましたが、パワーばかりを求めてはいられない時代となります。1989（平成元）年に**消費税**が導入され、軽の商用車としては優遇が受けられなくなり、商品力自体を上げる必要が出てきました。

　1990（平成2）年からは規格が変更され、排気量が660ccにアップ、全長も3.3mに伸ばされました（上図）。同年の2月にはスズキ・**アルト**が新規格に対応しました。ただし、あくまでもマイナーチェンジであり、660ccエンジンを搭載し、全長を10cm延長したにとどまりました。上級グレードに**電動パワーステアリング**（138頁参照）が装着されるなど、高級化路線の延長という感もありました。

　3月にはダイハツ・ミラがフルモデルチェンジして新規格化されます。リヤが操舵する**4WS**やアンチスピンブレーキ（リヤブレーキのロックを防止するための機構）が装着されるなど、性能の向上を図りました。この他、三菱・ミニカ、スバル・レックスなどが新規格で投入されました。

■ワゴンRが新しい時代の軽自動車のスタンダードに

　90年代初頭は、軽のスポーツカーが登場した時期でもあります（下図）。先鋒となったのは、1991（平成3）年に登場したホンダ・ビートでした。ミッドに直列3気筒エンジンを搭載（80頁参照）、フルオープンの2シーターで本格ライトウェイトスポーツカーと呼んでいいものでした。この流れにスズキが追随し、**カプチーノ**を発売します。ビートが**MR**なのに対してこちらは**FR**（32頁参照）。オープン2シーターということではビートと同様で、パワーはターボ装着で64PSでした。この他、マツダが**オートザムAZ-1**を1992（平成4）年に投入しました（68頁参照）。

　1993（平成5）年にはスズキが**ワゴンR**を発売します。これは、これまでの軽自動車の概念を覆すものでした。いわゆる**ハイト系**ですが、商用車というイメージから乗用車的なデザインに仕立て上げ、大人4人がゆったりと使え、しかもファッショナブルなクルマとしたのです。ダイハツも**ムーヴ**を1995（平成7）年に投入。これもヒットして軽自動車の新しいムーブメントとなりました（24頁参照）。

第2章 軽自動車の移り変わり

● 排気量660cc時代の規格(その1)

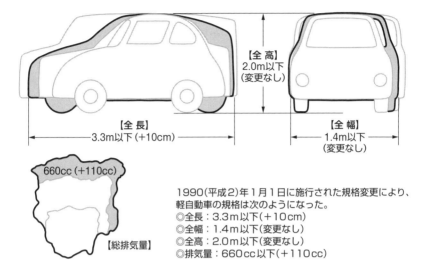

1990(平成2)年1月1日に施行された規格変更により、軽自動車の規格は次のようになった。
◎全長：3.3m以下(+10cm)
◎全幅：1.4m以下(変更なし)
◎全高：2.0m以下(変更なし)
◎排気量：660cc以下(+110cc)

● 排気量660cc時代の主なできごと(その1)：1990年1月1日～1998年9月30日

年	主なできごと
1990年	◎平成2年排出ガス規制(軽貨物車対象)
1991年	◎車庫法改正(東京23区、大阪市内では、軽自動車にも車庫の届け出を義務づける。車庫を変えた場合にも届け出が必要) ◎ホンダ・ビート、スズキ・カプチーノ発売
1992年	◎マツダ・オートザムAZ-1発売、軽スポーツカーブーム
1993年	◎スズキ・ワゴンR発売
1995年	◎ダイハツ・ムーヴ発売
1996年	◎車庫届出制度の適用地域拡大(人口30万人以上)
1997年	◎ホンダ・ライフ(2代目)発売、スズキ・ワゴンRの発売から続く軽ハイトワゴン人気(24頁参照) ◎消費税率変更(3%→5%)

◎消費税の導入により、軽商用車としての恩恵が受けられなくなった
◎ワゴンRから始まったハイトワゴンの流れは、軽自動車の本流となって現在に至っている

047

2-7 排気量660cc時代（その2：1998年～）

1998（平成10）年に軽自動車の規格が変更されて現在に至っていますが、このときは排気量が660ccのままで全長、全幅のみが拡大されました。この変更の意図はどんなところにあったのですか。

1998（平成10）年10月1日からは、全長が3.4m以下、全幅が1.48m以下となりました。これは、安全性の向上、特に**衝突安全性**を向上させるため、**クラッシャブルゾーン**（16頁参照）を確保するためといえます（上図）。

大きくなれば重くなりますから、本来ならば排気量も拡大したいところですが、据え置かれたのは、軽自動車が税制などで優遇されていることから制度自体の撤廃を求める人との落としどころとしたからです。

■規格の変更でさらに軽自動車が大型化

この規格変更によって、スズキの**アルト**、**ワゴンR**、ダイハツの**ミラ**、**ムーヴ**などの主力車種が新規格に合わせたものとなりました。重量増による性能低下を防ぐために、1つ1つのパーツを軽量化することと、コストダウンが徹底されました。

新しい潮流としては、1999（平成11）年に**ワンボックスワゴン**が登場してきたことがあります。これまでバンとして商用仕様だったものが、新規格で安全基準をクリアし乗用車として利用されるようになりました（18頁参照）。

■室内空間重視の流れで、ダイハツ・タントの車高は1.7m超えに

2001（平成13）年には、三菱が**eKワゴン**を発売します（62頁参照）。これは**ハイト系**とセダン系の中間をねらったともいえるタイプで、スタイリッシュさと室内空間の両立を図りました。ダイハツは**MAX**、スズキは**MRワゴン**を発売します。2002（平成14）年4月には、日産が軽自動車市場に参入して**モコ**を発売しますが、MRワゴンのOEMです。

使い勝手重視の流れも影響し、2003（平成15）年にはダイハツ・**タント**が発売されました（24頁参照）。特徴は室内空間の広さで、以後定着した車種となります。

業界全体の動きを見ると、1998（平成10）年、マツダ・キャロルがスズキ・アルトのOEM供給となり、マツダが軽自動車の生産を終了。2011（平成23）年には日産と三菱が、軽自動車に関する合弁会社**NMKV**を設立、日産向けを**デイズ**、三菱向けをeKワゴンとして共同開発します（19頁の※参照）。また、同年トヨタとダイハツが軽自動車のOEM供給に合意します。翌年、スバルはダイハツのOEMとなり、軽自動車の自社生産を終了しました（164頁参照）。

第2章 軽自動車の移り変わり

排気量660cc時代の規格(その2)

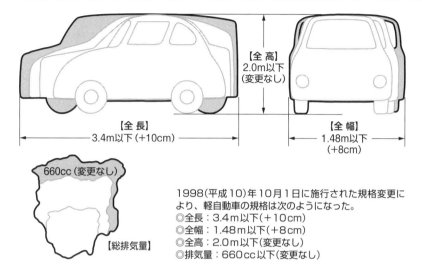

1998(平成10)年10月1日に施行された規格変更により、軽自動車の規格は次のようになった。
◎全長：3.4m以下(+10cm)
◎全幅：1.48m以下(+8cm)
◎全高：2.0m以下(変更なし)
◎排気量：660cc以下(変更なし)

排気量660cc時代の主なできごと(その2)：1998年10月1日〜

年	主なできごと
1998年	◎マツダ、軽自動車の生産を終了。スズキからのOEMに
1999年	◎車庫届出制度の適用地域拡大(人口20万人以上)
2000年	◎平成12年排出ガス規制
2001年	◎車庫届出制度の適用地域拡大(人口10万人以上)
2002年	◎日産、スズキからのOEMで軽自動車市場に参入
2009年	◎三菱、軽規格の電気自動車i-MiEVを発売(106頁参照)
2011年	◎日産と三菱、合弁会社NMKVを設立 ◎トヨタ、ダイハツからのOEMで軽自動車市場に参入
2012年	◎スバルが軽自動車の生産を終了。ダイハツからのOEMに
2013年	◎三菱が電気自動車を除く軽商用車の生産を終了。スズキからのOEMに。三菱から商用車を供給していた日産もスズキからのOEMに
2014年	◎消費税率変更(5%→8%)

◎規格変更に伴うサイズ拡大によって、安全性の向上が図られた
◎トヨタ、日産がOEMによって軽自動車市場に参入する一方で、スバル、マツダは軽自動車の自社生産を終了した

3. 時代を切り拓いた軽自動車

3-1 360cc時代（1） スバル360とホンダN360

1949（昭和24）年に軽自動車の規格ができてから約70年が経過しましたが、その歴史の中で「エポックメーキング」と呼べる車種にはどのようなものがありますか。

■誰もが知っている軽自動車・スバル360

「てんとう虫」の愛称で知られる**スバル360**が、富士重工業から発売されたのは1958（昭和33）年です。現在の社名「SUBARU（スバル）」の起源となったこのクルマは、エンジンをリヤに積み、後輪を駆動する**RR**方式（32頁参照）を採用していました。まず人が4人乗るのに必要な空間を確保し、残りのスペースにエンジンその他の機器類や荷室を割り当てるという発想で開発されたもので、それまでの自動車開発とは異なる画期的なものでした（上図）。

その考えに則ってサイズや重量などを考慮、エンジンは軽量・高出力な2サイクル2気筒を採用し（74頁、78頁参照）、搭載方法もボディの後部に押し込むことで人が乗る空間を確保しました。

タイヤサイズは10インチで、ホイールハウスが拡大しない設計とし、また、サスペンションは**4輪独立懸架**を採用して（140頁参照）、やわらかでしなやかな乗り心地を生み出しています。

長い間軽自動車トップの販売実績を続けていたスバル360ですが、1967（昭和42）年に**ホンダN360**が登場してトップの座を奪われ、36PSにパワーアップしたヤングSSで対抗しましたが、これが最終モデルとなりました。

■その後の軽自動車に大きな影響を与えたホンダN360

ホンダN360は、当時の国産車としては珍しい**FF**方式のレイアウトを採用しましたが、これには広い居室空間で知られる英国・ミニの影響が伺えます（下図）。

エンジンはホンダらしくオートバイ（CB450）の流用で、こだわりの強制空冷タイプ（76頁参照）。コンパクトな2気筒4サイクルのオールアルミ製で、当時は少なかった**OHC**のバルブシステムを持ち（88頁参照）、クラストップの31PSを誇りました。大人4人がゆっくり乗れる居住性と独立したトランクを持ち、4人が乗車しても家族の荷物をしっかり運べる点が特徴となっていました。

マイナーチェンジや装備の追加も細かく行われて、A/T（ホンダマチック）仕様、サンルーフ仕様、ツインキャブ※仕様でパワーアップしたTタイプが登場。1970（昭和45）年にはより完成度を高めたNⅢに進化し、販売台数を伸ばしました。

※ ツインキャブ：ツインキャブレター。1台のエンジンに2個のキャブレター（92頁参照）を備えていること

＊以下の主要諸元は、一部の例外を除いて発売時の標準的モデルのものを掲載しています

第2章 軽自動車の移り変わり

スバル360

◎全長×全幅×全高：2990mm×1300mm×1380mm ◎ホイールベース：1800mm ◎車両重量：385kg ◎エンジンの種類：空冷2サイクル直列2気筒 ◎総排気量：356cc ◎最高出力：16PS/4500rpm ◎最大トルク：3.0kgf・m/3000rpm ◎駆動方式：RR ◎サスペンション：前＝トレーリングアーム式、後＝スイングアクスル式

ホンダN360

◎全長×全幅×全高：2995mm×1295mm×1345mm ◎ホイールベース：2000mm ◎車両重量：475kg ◎エンジンの種類：空冷4サイクル並列2気筒 ◎総排気量：354cc ◎最高出力：31PS/8500rpm ◎最大トルク：3.0kgf・m/5500rpm ◎駆動方式：FF ◎サスペンション：前＝ストラット式、後＝半楕円板バネ式（リーフリジッド式）

POINT
◎スバル360の登場によって、軽自動車のカテゴリーが注目されるようになり、新しい時代が始まった
◎スバル360に代わって、ホンダN360が軽自動車売り上げトップになった

051

3-2 360cc時代（2） スズライトとフェロー

スズキとダイハツは、日本の軽自動車を牽引してきた二大メーカーですが、それぞれ最初に世に送り出したモデルはどのようなものだったのですか。

■スズキ・スズライト

スズライトは、1955（昭和30）年に登場したスズキ初の軽乗用車です。軽自動車用エンジンの規格はこの年から4サイクルと2サイクルの区別なしに360ccに統一されており、量産軽自動車としては日本初、まさに軽自動車のパイオニアでした（上図）。

スズライトのエンジンは、空冷2サイクルの2気筒で（74、76、78頁参照）、最高出力は15.1PS、最大トルクは3.2kgf·m。ボディバリエーションは、2ドアセダン（SS）、2ドアバン（SL）、ピックアップ※（SP）とバラエティに富み、商用車需要にも応えるものでした。

駆動方式は、その後の軽自動車のスタンダードとなるFF方式を初めて採用（32頁参照）。サスペンションも乗用車らしく4輪独立懸架となっており（140頁参照）、乗り心地に優れたものでした。タイヤは大型の16インチのものが採用されました。

1959（昭和34）年には前輪駆動の商用バンとして2代目（TL）が登場し、この機会にタイヤは12インチに縮小されました。2代目のエンジンは21PSにパワーアップされており、加速力等に余裕が生まれています。

■ダイハツ・フェロー

フェローは、1966（昭和41）年に発売されたダイハツ初の軽乗用車です。すでに実績のあった軽トラック・ハイゼットをベースに乗用車をつくりました（下図）。

縦置きエンジンのFR方式（32頁参照）で、ハイゼットの空冷2気筒エンジンを水冷化して搭載し、23PSを発揮しています。サスペンションは4輪独立懸架で、前輪は一般的なダブルウィッシュボーン式（142頁参照）でしたが、後輪にはダイアゴナル・スイングアクスルというアームが斜めに動く方式を採用していました。

スタイルは、角形ヘッドライトを低く配置して、他車にはないスポーティ感を生み出しています。大人4人がムリせず乗れる室内で人気がありましたが、後に発売されたホンダN360（50頁参照）に対抗する目的で、このクラス最大の32PSを発揮するSSをラインナップに加えました。

フェローには2ドアセダンの他にピックアップトラックやバンの兄弟車がラインアップされていて、商用車需要やコストの問題にも応えていました。

※ ピックアップ：ピックアップトラック。大型以外のトラックの総称

052

第2章 軽自動車の移り変わり

スズキ・スズライトSS

◎全長×全幅×全高：2998mm×1298mm×1400mm ◎ホイールベース：2000mm ◎車両重量：520kg ◎エンジンの種類：空冷2サイクル直列2気筒 ◎総排気量：359cc ◎最高出力：15.1PS/3800rpm ◎最大トルク：3.2kgf・m/2800rpm ◎駆動方式：FF ◎サスペンション：前・後＝4輪独立懸架

ダイハツ・フェロー

◎全長×全幅×全高：2990mm×1285mm×1350mm ◎ホイールベース：1990mm ◎車両重量：515kg ◎エンジンの種類：水冷2サイクル直列2気筒 ◎総排気量：356cc ◎最高出力：23PS/5000rpm ◎最大トルク：3.5kgf・m/4000rpm ◎駆動方式：FR ◎サスペンション：前＝ウィッシュボーン、後＝ダイアゴナル・スイングアクスル

POINT
◎日本初の量産軽自動車、FF方式の採用など、スズライトは文字どおりの軽自動車のパイオニア
◎ハイゼットで定評のあったダイハツ初の軽乗用車がフェロー

053

360cc時代(3) マツダR360クーペと三菱360

1960年代の初頭は、軽自動車の人気が高まっていたと聞きます。50頁で紹介されたスバル360以外に、成功をおさめた車種にはどのようなものがあったのですか。

■ マツダR360クーペ

R360クーペは、1960（昭和35）年に登場したマツダ初の乗用車です。商用車が一般的だった時代に、その車名の通り2+2のクーペスタイルのこのクルマは、発売前からユーザーの心をつかみました（上図）。

ボディは軽量なモノコックタイプ（40頁※参照）で、軽合金ボンネットやアクリルウィンドウを採用し、車両重量は国産車最軽量の380kgといわれていました。

エンジンは空冷4サイクルV型2気筒（74、76、78頁参照）の**OHV**タイプ（88頁参照）で、軽自動車初の4サイクルとなりました。同社の3輪トラック「K360」用をベースに軽量化が図られています。

トランスミッションは、4速M/Tのほか、2速トルコンオートマチックが採用されています（国産車初の本格採用）。また、サスペンションはトーションラバーを採用した**4輪独立懸架**（140頁参照）でした。

販売価格は、新技術の採用などでM/T車で30万円という低価格が実現し、発売前にはすでに4500台を受注、12月には月販4090台という当時としては驚異的な数字を記録しました。

■ 三菱360

三菱360は、1961（昭和36）年に登場した商用軽自動車です。中小商工業者をターゲットにしつつ、高まりつつあった軽乗用車の人気を視野に入れて開発されたモデルです（下図）。

普通車などでは定番となっていた**FR**方式が採用され（32頁参照）、エンジンは2サイクル直列2気筒の359cc、最高出力は17PSを発揮しました。組み合わされるトランスミッションは**シンクロメッシュ式**（120頁参照）の4速コラムで、スムーズな変速と十分な動力性能を発揮しました。

ボディバリエーションは、2〜4人乗りのライトバンと2人乗りのピックアップがあり、後期にはホワイトタイヤやサイドモールなどの装備を備えたデラックスバンも追加されています。1963（昭和38）年には、各車種合計で約54000台を生産し、成功をおさめました。

第2章 軽自動車の移り変わり

⚙ マツダR360クーペ

◎全長×全幅×全高：2980mm×1290mm×1290mm ◎ホイールベース：1760mm ◎車両重量：380kg ◎エンジンの種類：空冷4サイクルV型2気筒 ◎総排気量：356cc ◎最高出力：16PS/5300rpm ◎最大トルク：2.2kgf・m/4000rpm ◎駆動方式：RR ◎サスペンション：前・後＝トーションラバーによる4輪独立懸架

⚙ 三菱360

◎全長×全幅×全高：2995mm×1295mm×1400mm ◎ホイールベース：1900mm ◎車両重量：480kg ◎エンジンの種類：空冷2サイクル直列2気筒 ◎総排気量：359cc ◎最高出力：17PS/4800rpm ◎最大トルク：2.8kgf・m/3500rpm ◎駆動方式：FR ◎サスペンション：前＝トランスバー式、後＝半楕円板バネ式(リーフリジッド式)

POINT
◎軽自動車初の4サイクルエンジンほか、高い技術を盛り込んだR360クーペは、そのスタイリングと相まって驚異的な売り上げを誇った
◎乗用車感覚の商用車・三菱360は、同社の市場を確保する先駆けとなった

3-4 550cc時代（1） アルトとミラ

現在の軽自動車の主流はハイトワゴンですが（22、24、26頁参照）、1980年代には軽ボンネットバンと呼ばれるスタイルが人気を博したといいます。当時の代表的な車種にはどんなものがあったのですか。

◼ スズキ・アルト

アルトは1979（昭和54）年に発売されました。軽自動車の価格が65～75万円という時代に、「アルト47万円」という大胆な触れ込みで話題を呼びました（上図）。

当時**軽商用車**は非課税（普通車、小型車、**軽乗用車**には高額の**物品税**が課された）だったため、"軽乗用車として機能する商用車"という設定で、その後の軽自動車に大きな影響を与える**軽ボンネットバン**というカテゴリーを確立しました（44頁参照）。

エンジンは、コスト的に有利な2サイクルを使用。水冷直列3気筒で28PSと非力ながら（74、76、78頁参照）、4速M/Tとの組み合わせで動力性能等に問題はありませんでした。

また、後部座席は、商用車として十分な荷室を確保するため折り畳み式の小さなものでしたが、実質2人乗りと割り切られていたため支障はありませんでした。このような徹底したコスト管理の結果、当時としては異例の価格を実現したのです。

◼ ダイハツ・ミラ

ミラ（ミラ・クオーレ）は1980（昭和55）年に発売されました。当時の名称はミラ・クオーレでしたが、2年後に「ミラ」に名称変更されました。スズキ・アルトと同じ商用車扱いの**ハッチバック**スタイルで（下図、18頁参照）、ラインナップには「クオーレ」と名づけられた乗用車バージョンがありました。

前述したように、この頃から課税対象にならないという理由で**4ナンバーモデル**（商用車）が人気を博し、その状態は物品税が**消費税**に代わるまで続きます（1981（昭和56）年10月からは、4人乗りの軽ライトバンにも5％の物品税が課されるようになったが、軽乗用車の15.5％に比べて格段に安く、人気は続いた、45頁下図参照）。

ミラの3ドアハッチバックのスタイルは、それまでにはなかった比較的背の高い1.5ボックスでしたが、この形状がウケて、若いユーザーを中心に乗用のクオーレよりも売れ行きを伸ばし、"**軽ボンバン**（ボンネットバンの略）"市場でも不動の人気を獲得しました。

1985（昭和60）年には2代目が登場、ホイールベースと全高がアップしてより広い室内となり、エンジンも3気筒になりました。

第2章 軽自動車の移り変わり

スズキ・アルト

◎全長×全幅×全高：3195mm×1395mm×1335mm　◎ホイールベース：2150mm　◎車両重量：545kg　◎エンジンの種類：水冷2サイクル直列3気筒　◎総排気量：539cc　◎最高出力：28PS/5500rpm　◎最大トルク：5.3kgf・m/3000rpm　◎駆動方式：FF　◎サスペンション：前=ストラット式、後=リーフリジッド式

ダイハツ・ミラ(ミラ・クオーレ)

◎全長×全幅×全高：3195mm×1395mm×1375mm　◎ホイールベース：2150mm　◎車両重量：535kg　◎エンジンの種類：水冷4サイクル直列2気筒　◎総排気量：547cc　◎最高出力：29PS/6000rpm　◎最大トルク：4.0kgf・m/3500rpm　◎駆動方式：FF　◎サスペンション：前=ストラッ式、後=リーフリジッド式

POINT ◎スズキ独自の商品開発力によってアルトが切り拓いた"軽ボンネットバン"の市場は、ミラの登場によって勢いづき、各メーカーがライバル車を投入して大きな流れとなった

3-5 550cc時代(2) レックス550とミニカアミ55

1976(昭和51)年の規格変更で排気量が550ccにアップされてから、どのような車種が注目を浴びたのですか。また、軽ボンネットバンとの関わりはどうだったのでしょうか。

■スバル・レックス550

レックス550は、1977(昭和52)年に富士重工業(現SUBARU=スバル)から発売されました。1972(昭和47)年に登場したレックスは、1976(昭和51)年の規格変更に伴って排気量を490ccにアップした**レックス5**というモデルを追加、次いで550ccとしたレックス550を発売しました(上図)。

エンジンは、水冷4サイクル直列2気筒で31PSを発揮(74、76、78頁参照)、厳しいといわれた**53年排ガス規制**もクリアしました。1979(昭和54)年には、前項で紹介したスズキ・アルトの対抗として**ファミリーレックス**を追加。

そして1981(昭和56)年、モデルチェンジした2代目が登場します。同社としては名車**スバル360**以来歴史のある**RR**方式から**FF**方式に移行し(32頁参照)、スペース効率や品質のよさを打ち出しました。

当時人気となっていた**軽ボンネットバン**のモデルとして**レックス・コンビ**をラインアップしましたが、室内長、トランク容量などは当時のトップクラスの値を誇りました。エンジンは、振動や騒音を抑えるためのバランスシャフトを2本加えるなどの改良を行っています。

■三菱・ミニカアミ55

ミニカアミ55は、1977(昭和52)年に発売されました。1962(昭和37)年の初代から数えて4代目にあたり、前年の規格変更を受けて550ccに排気量アップされるとともに、先代の**ミニカ5**よりも全長で45mm、全幅で100mm拡大されました。エンジンは、水冷4サイクル直列2気筒で31PSという実用的なものでした(下図)。

1981(昭和56)年にはマイナーチェンジして**ミニカアミL**に変更。全長を規格枠いっぱいの3195mmに拡大し、ホイールベースも50mm伸ばして2050mmとしました。また、ブームとなっていたボンネットバンのモデルとして**ミニカエコノ**を発売しました。そして、1983(昭和58)年には軽自動車初となるターボが登場し、39PSを発揮しました(44頁参照)。

ミニカは数少ない**FR**方式の軽自動車として多くの三菱ファンの心をつかんでいましたが、この代を最後に、1984(昭和59)年にFF方式へと移行しました。

058

第2章 軽自動車の移り変わり

スバル・レックス550

◎全長×全幅×全高：3185mm×1395mm×1325mm ◎ホイールベース：1920mm ◎車両重量：535kg ◎エンジンの種類：水冷4サイクル直列2気筒・OHC ◎総排気量：544cc ◎最高出力：31PS/6200rpm ◎最大トルク：4.2kgf・m/3500rpm ◎駆動方式：RR ◎サスペンション：前・後＝セミトレーリングアーム式・トーションバー

三菱・ミニカアミ55

◎全長×全幅×全高：3175mm×1395mm×1315mm ◎ホイールベース：2000mm ◎車両重量：565kg ◎エンジンの種類：水冷4サイクル直列2気筒・OHC ◎総排気量：546cc ◎最高出力：31PS/6000rpm ◎最大トルク：4.1kgf・m/3000rpm ◎駆動方式：FR ◎サスペンション：前＝ストラット式、後＝5リンク/コイル式

POINT
◎レックスは1981（昭和56）年にスバル伝統のRR方式からFF方式に移行した
◎ミニカアミ55からミニカアミLとなり、1983（昭和58）年には軽自動車初のターボエンジン搭載車（ミニカエコノ）を発売した

3-6 660cc時代（1） ミライースとアルト

現在の軽自動車は、とても背の高いタイプが多くなっていますが、オーソドックスなスタイルで定番となっている車種にはどのようなものがあるのですか。

■ダイハツ・ミライース

ミライースは2011（平成23）年に発売されました。2009（平成21）年に開催された東京モーターショーにコンセプトカー「イース」が出展されて存在が紹介されましたが、それによると、徹底した車体の計量化や触媒活性化技術を生かして、リッターあたり30kmの低燃費を目指しており、2年後に実際に市販車が登場したことになります（上図）。

2017（平成29）年のカタログによると、燃費は35.2km/L（JC08モード、104頁参照）。燃費を改善する技術としては、クルマが停止する直前からエンジンを停止して、積極的にガソリン消費を抑える**エコアイドルシステム**や、インジェクターを1気筒あたり2本に増やして、燃料を微粒化することで燃焼を安定させる**デュアルインジェクター**など、コンセプトカーに採用されていた技術を市販車に生かして、大いに燃費改善を進めています。

また、燃費以外では衝突回避のための安全装置である**スマートアシスト**（156、158頁参照）も備えられています。

■スズキ・アルト

56頁でも紹介しているように、初代アルトは1979（昭和54）年に発売され、2016（平成28）年12月に国内累計販売台数500万台を達成している名車です。現行アルトは8代目にあたり、2014（平成26）年に発売されました（下図）。

スペース効率や燃費性能に優れた乗用車で、特に燃費性能では37.0km/Lを達成し、軽ナンバー1を獲得しました（104頁参照）。スタイルは、フロアを広く使えるようにタイヤをボディ四隅にセットするボクシーな4（5）ドア**ハッチバック**で（18頁参照）、とてもすっきりとした外観をしています。

エンジンは、燃費性能を高めるために**VVT**（90頁参照）を内臓し、**アイドリングストップ**やエコクールなどとともに、スズキ独自の**エネチャージシステム**（108頁参照）を有しています。

トランスミッションは**CVT**（124、126頁参照）、5速M/Tの他に、独自の**AGS**（オートギヤシフト、128頁参照）も選べるようになっています。

第2章 軽自動車の移り変わり

ダイハツ・ミライース

◎全長×全幅×全高：3395mm×1475mm×1500mm ◎ホイールベース：2455mm ◎車両重量：650kg ◎エンジンの種類：水冷4サイクル直列3気筒・DOHC12バルブ ◎総排気量：658cc ◎最高出力：49PS/6800rpm ◎最大トルク：5.8kgf・m/5200rpm ◎駆動方式：FF ◎サスペンション：前＝ストラット式コイルスプリング、後＝トーションビーム式コイルスプリング
※ 現行の標準的モデル

スズキ・アルト

◎全長×全幅×全高：3395mm×1475mm×1500mm ◎ホイールベース：2460mm ◎車両重量：650kg ◎エンジンの種類：水冷4サイクル直列3気筒・DOHC12バルブ ◎総排気量：658cc ◎最高出力：52PS/6500rpm ◎最大トルク：6.4kgf・m/4000rpm ◎駆動方式：FF ◎サスペンション：前＝ストラット式コイルスプリング、後＝トーションビーム式コイルスプリング
※ 現行の標準的モデル

POINT
◎軽自動車トップの好燃費を誇るアルトとミライースは、VVT機構、アイドリングストップ、エネチャージシステム（アルト）などによって燃費性能の更なる向上を進めている

3-7 660cc時代(2) eKワゴンとN-ONE

現在、スズキ、ダイハツからは数多くのモデルが発売されていますが、その他の軽自動車を製造しているメーカーの代表車種にはどのようなものがあるのですか。

◢ 三菱・eKワゴン

　eKワゴンは、2001(平成13)年に発売されたセミトールパッケージの軽自動車です。当時人気のあったスズキ・**ワゴンR**やダイハツ・**ムーヴ**のライバルとして登場しました。全高が1550mmと背の高いモデルでしたが、ほとんどの立体駐車場に出入りすることができました(上図)。

　エンジンは3気筒12バルブの**OHC**(88頁参照)、サスペンションはフロントが**ストラット式**(142頁参照)、リヤが3リンクコイル式という軽の定番スタイルでした。

　eKワゴンはその後バリエーションを増やし、2002(平成14)年にはスポーツモデルのeKスポーツ、翌年には上級モデルのeKクラッシィ、さらにその翌年には軽では珍しい**SUV**モデルのeKアクティブという派生モデルを追加しました。

　現行モデルは3代目にあたり、日産と三菱の合弁会社**NMKV**(19頁※参照)で開発されて、2013(平成25)年に発売されました。日産の**デイズ**はeKワゴンの兄弟車です(165頁参照)。

◢ ホンダ・N-ONE

　N-ONEは2012(平成24)年に発売されたセダンタイプながら背の高い軽乗用車です。前年に発売された**N-BOX**(26頁参照)と同様**N**シリーズと呼ばれるホンダの軽自動車群の一角をなすモデルで、同社初の市販軽自動車である**N360**(50頁参照)をモチーフにしています。N-ONEは、トールタイプでありながら非常に落ち着いたデザインとなっています(下図)。

　エンジンはDOHC 4バルブの3気筒で、ホンダには珍しく**ロングストローク**(79頁参照)となっており、燃費(JC08モード、104頁参照)は27.0km/L(2012年のカタログ値。現行モデルは28.4km/L)と高い値でした。この燃費向上のためには、**アイドリングストップ**(104頁参照)や**CVT**(124、126頁参照)式のトランスミッション、**電動パワーステアリング**(138頁参照)などが貢献しています。

　N-ONEは他のNシリーズのモデルと同じように、カラフルでセンスのいいカラーオプションが多数用意されていて、オーナーの好みに応じたドレスアップができるようになっています。

第2章 軽自動車の移り変わり

三菱・eKワゴン

◎全長×全幅×全高：3395mm×1475mm×1550mm　◎ホイールベース：2340mm　◎車両重量：790kg　◎エンジンの種類：水冷4サイクル直列3気筒・OHC12バルブ　◎総排気量：657cc　◎最高出力：50PS/6500rpm　◎最大トルク：6.3kgf・m/4000rpm　◎駆動方式：FF　◎サスペンション：前＝ストラット式、後＝トルクアーム式3リンク

ホンダ・N-ONE

◎全長×全幅×全高：3395mm×1475mm×1610mm　◎ホイールベース：2520mm　◎車両重量：840kg　◎エンジンの種類：水冷4サイクル直列3気筒・DOHC12バルブ　◎総排気量：658cc　◎最高出力：58PS/7300rpm　◎最大トルク：6.6kgf・m/3500rpm　◎駆動方式：FF　◎サスペンション：前＝ストラット式、後＝車軸式

POINT
◎eKワゴンは、スズキ・ワゴンRやダイハツ・ムーヴのライバルとして登場した
◎N-ONEはセダンながら背が高く、ハイトワゴンともいえる

軽の4WD車 ジムニーとパジェロミニ

現在、軽自動車のSUV（18頁の※参照）はあまり種類が多くありませんが、オフロードでの走破能力が高い本格的な軽4WD車としてはどのようなものがある（あった）のですか。

◢ スズキ・ジムニー

ジムニーは、本格的な4WDシステムを持つ軽自動車で、1970（昭和45）年に誕生しました。

エンジンは同社の商用車キャリイの360cc2サイクル2気筒エンジンを搭載しましたが（74, 78頁参照）、**ラダーフレーム**※、前後リジッドアクスルと**リーフスプリング**（144頁参照）、大型の16インチタイヤ、**パートタイム式**（ドライバーが4WD↔2WDの切り換えをする）の4WDシステムの採用により、高い悪路走破性能を発揮しました。海外の大型四駆と比べても引けを取らなかったため、高い人気がありました。

ジムニーは、360cc時代から現在まで50年近い歴史を持ち、業務用・レジャー用に手軽に利用できる本格4WD車として多くのユーザーの心をつかんでいます。

1995（平成7）年販売のモデルから、サスペンションのスプリングがリーフからコイルに変更され、オンロードでの走行性能や乗り心地を向上させています。伝統のラダーフレームは現行モデルでも採用しており、さまざまな工夫によって走行性能と静粛性を高めています（上図）。

◢ 三菱・パジェロミニ

パジェロミニは、1994（平成6）年に発売された軽4WD車です。1982（昭和57）年の発売以来、四駆として高い評価を得ていたパジェロの技術を生かして、もっと一般に普及させるために開発したのが、軽4WD車パジェロミニです（下図）。

エンジンはOHC16バルブとDOHC20バルブターボの4気筒エンジン（84, 88頁参照）。駆動方式は、同社オリジナルのイージーセレクト4WDで、2WD、4WDの切り替えはもちろん、4WDモードでハイとローの切り替えが運転中でも可能など、高い4WDのコントロール技術を誇りました。

サスペンションはフロントは**ストラット式**（142頁参照）、リヤは5リンク式で4輪ともにコイルスプリングを採用し、4WD車としての性能はもちろん、高速道路を含めた舗装路を走る性能も非常に高い能力を発揮していましたが、2012（平成24）年に生産を終了しました。

※ ラダーフレーム：はしご状のフレームにエンジンやサスペンションを取り付け、その上にボディを乗せる構造。製造が簡単なため、トラックやバスなどに採用される。乗用車にはフレームとボディが一体となったモノコックフレームが採用される

スズキ・ジムニー

◎全長×全幅×全高：3395mm×1475mm×1680mm　◎ホイールベース：2250mm　◎車両重量：990kg　◎エンジンの種類：水冷4サイクル直列3気筒インタークーラーターボ・DOHC12バルブ　◎総排気量：658cc　◎最高出力：64PS/6500rpm　◎最大トルク：10.5kgf・m/3500rpm　◎駆動方式：パートタイム4WD　◎サスペンション：前・後＝3リンクリジッドアクスル式コイルスプリング
※　現行の標準的モデル

三菱・パジェロミニ

◎全長×全幅×全高：3295mm×1395mm×1630mm　◎ホイールベース：2200mm　◎車両重量：880kg　◎エンジンの種類：水冷4サイクル直列4気筒・OHC16バルブ　◎総排気量：659cc　◎最高出力：52PS/7000rpm　◎最大トルク：6.0kgf・m/5000rpm　◎駆動方式：イージーセレクト4WD　◎サスペンション：前＝ストラット式コイルスプリング、後＝5リンク式コイルスプリング

POINT
◎1970(昭和45)年に誕生したジムニーは、軽の本格4WD車としての実力を兼ね備え、確固たる地位を築いている
◎パジェロの技術を注入されたパジェロミニは、SUVとして高い能力を発揮した

軽スポーツカー（1） コペンとホンダS660

街を歩いていると、時々2シーターのスポーツカータイプの軽自動車を見かけることがありますが、どのような車種があるのですか。また、その特徴を教えてください。

■ダイハツ・コペン

コペンは2002（平成14）年に発売された2人乗りオープンスポーツカーです。2014（平成26）年のフルモデルチェンジにあたってよりクローズアップされるのは、エンジンやメカニズム以上に個性あふれる3つのスタイルや豊富なカラーバリエーションです（上図）。

これは、新型コペン最大の特徴といえる新骨格構造 **D-Frame**（骨格のみで強度を確保し、通常骨格の役目を担う外板を着せ替えられるものにする）と、内外装着脱構造 **DRESS-FORMATION**（ボディの外板を樹脂にして着脱可能とし、一部の部品だけでなくクルマ全体を着せ替えられるようにする）によって成り立っています。

この構造により、基本骨格は同一ながら、①スポーツカーとしての躍動感にこだわったRobe、②丸型ヘッドランプと滑らかなフォルムのCero、③樹脂外板の特徴を活かしたXPLAYの3種をラインアップすることが可能となりました。

また、RobeとCeroは樹脂部品の交換が完全にできるなど、オーナーの趣味に応じてさまざまな工夫ができるようになっています。

■ホンダS660

S660は、2015（平成27）年に発売された**ミッドシップ**（**MR**方式、32頁参照）の2人乗りオープンスポーツカーです（下図）。1991（平成3）年に発売され、5年後に販売を終了した**ビート**（68頁参照）の後継として、19年ぶりに発売されました。

エンジンは、好評の軽ハイトワゴン・**N-BOX**などNシリーズに搭載されている**ロングストローク**（79頁参照）のS07Aのターボエンジンに、専用のターボチャージャーを採用しています。トルクが太く高回転まで回るDOHC4バルブで（84、88頁参照）、S660用としても十分な動力性能を発揮しています。

トランスミッションは、6速M/Tか7速パドルシフト※の**CVT**（124、126頁参照）を選択可能。サスペンションは、4輪**ストラット式**（142頁参照）となっています。

また、旋回に入る際の応答性や、自分が意図する走行ラインを外さないように走るためのハンドリング支援システム・アジャイルハンドリングアシストが軽自動車で初めて採用されています。

※　パドルシフト：ハンドルの左右にあるレバー状のスイッチで、これを操作して変速する

第2章 軽自動車の移り変わり

ダイハツ・コペン(イラストはCero)

◎全長×全幅×全高:3395mm×1475mm×1280mm　◎ホイールベース:2230mm　◎車両重量:870kg　◎エンジンの種類:水冷4サイクル直列3気筒インタークーラーターボ・DOHC12バルブ　◎総排気量:658cc　◎最高出力:64PS/6400rpm　◎最大トルク:9.4kgf・m/3200rpm　◎駆動方式:FF　◎サスペンション:前=ストラット式コイルスプリング、後=トーションビーム式コイルスプリング
※　現行の標準的モデル

ホンダS660

◎全長×全幅×全高:3395mm×1475mm×1180mm　◎ホイールベース:2285mm　◎車両重量:850kg　◎エンジンの種類:水冷4サイクル直列3気筒ターボ・DOHC12バルブ　◎総排気量:658cc　◎最高出力:64PS/6000rpm　◎最大トルク:10.6kgf・m/2600rpm　◎駆動方式:MR　◎サスペンション:前・後=ストラット式
※　現行の標準的モデル

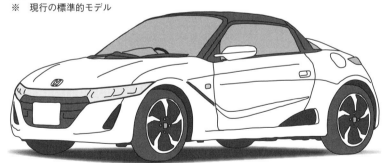

POINT
◎コペンは、新骨格構造D-Frameによって、3種類のスポーツカーをラインアップすることが可能となった
◎S660は、走る楽しさを追求したミッドシップ(MR)オープンスポーツカー

067

3-10 軽スポーツカー(2) セブン160と平成ABCトリオ

ダイハツ・コペン、ホンダS660以外に2シーターの軽スポーツカーはありますか。過去に存在したものでもいいので、簡単な特徴を含めて教えてください。

■ ケータハム・セブン160

ケータハム社は、英国・サリー州に居を構える自動車メーカーです。1973 (昭和48) 年に設立され、ロータスからセブンの生産権を引き継ぎました。セブンは、1960年代から基本的な構造が変わっていないライトウエイトスポーツカーのシリーズで、排気量別に160、270などのラインアップがあります。

2014 (平成26) 年に登場した**セブン160**は、サイズ、エンジン排気量ともに日本の軽自動車規格を満たすように設計されています (上図)。

エンジンはスズキ製660cc、直列3気筒 (78頁参照) の**インタークーラーターボ** (96頁参照) 仕様で、最高出力は日本の軽自動車の**自主規制値**64PSを上回る80PSを発揮します。車両重量が490kgと軽いため、0〜100km/h加速は6.9秒、最高速は160km/hに達するということです。

■ 平成ABCトリオ

1991 (平成3) 年から翌年にかけて次々と発売された軽自動車のスポーツカーは、その車名から「**平成ABCトリオ**」と呼ばれていました。

(1) ホンダ・ビート

1991 (平成3) 年に発売されたミッドシップスポーツで、**自然吸気** (98頁※参照) ながら64PSを発揮しました。サスペンションは**4輪独立懸架**の**ストラット式**で (140、142頁参照)、4輪ディスクブレーキ (146頁参照) は軽自動車初でした。

(2) スズキ・カプチーノ

1991 (平成3) 年に発売された**FR方式** (32頁参照) の軽スポーツカー。エンジンは、同社の**アルトワークス**用のDOHCインタークーラーターボで、サスペンションは4輪ダブルウィッシュボーン式をおごっていました。また、オプションながら**ABS** (148頁参照) も準備されていました。

(3) マツダ・オートザムAZ-1 (下図)

1992 (平成4) 年にマツダから発売され、スズキにもOEM供給されました (車名はCARA：キャラ)。ガルウィングドア※が特徴で、DOHCターボエンジンをミッドシップ (MR方式) に積む本格的スポーツモデルでしたが、販売面では苦戦しました。

※ ガルウィングドア：「カモメの翼」のように、ドアが車体の外側に垂直に持ち上がるタイプ

第2章 軽自動車の移り変わり

ケータハム・セブン160

◎全長×全幅×全高：3100mm×1470mm×1090mm　◎ホイールベース：2225mm　◎車両重量：490kg　◎エンジンの種類：スズキ製・水冷4サイクル直列3気筒ターボ　◎総排気量：658cc　◎最高出力：80PS/7000rpm　◎最大トルク：10.9kgf・m/3400rpm　◎駆動方式：FR　◎サスペンション：前=ダブルウィシュボーン、後=マルチリンクライブアクスル（ライブアクスルとは固定車軸のことで、独立懸架とは区別する）

マツダ・オートザムAZ-1

◎全長×全幅×全高：3295mm×1395mm×1150mm　◎ホイールベース：2235mm　◎車両重量：720kg　◎エンジンの種類：水冷4サイクル直列3気筒インタークーラーターボ・DOHC12バルブ　◎総排気量：657cc　◎最高出力：64PS/6500rpm　◎最大トルク：8.7kgf・m/4000rpm　◎駆動方式：MR　◎サスペンション：前・後=ストラット式

POINT
◎スズキ製エンジンを載せるケータハム・セブン160は80PSを発揮する
◎1990年代初頭には、ビート、カプチーノ、AZ-1など個性豊かで高性能なスポーツカーが発売され、市場を賑わせた

069

COLUMN 2

軽自動車の思い出②
ミニカトッポの夢

　この本をつくるきっかけになったともいえる軽自動車が、「コラム1」で紹介したホンダN360と三菱の初代「ミニカトッポ」でした（22頁参照）。

　1990（平成2）年に登場したこのクルマは、全高1695mmという背の高さで突然変異のように現れ、広くなった頭上の空間をオーナーのアイデアでさまざまに利用できるという特徴を持っていました。

　ミニカトッポのユーザーだった筆者は、このスペースに棚を設置して、キャンプ道具や釣り用品を収められるようにするとともに、丈夫なルーフボックスに折りたたみ式のカヌーを積み、子供を連れてキャンプや釣りなどのアウトドアレジャーに頻繁に出かけていました。

　このクルマを手に入れたのは軽自動車の規格が660ccになってすぐで、ランサー・ターボから乗り換えたところでしたが、ミニカトッポは軽自動車ながら電子制御燃料噴射装置が採用され、業界初の1気筒あたり5バルブのDOHCエンジンの吹きあがりもよく（84頁参照）、ノンターボながらかなり元気よく走ってくれたものでした。

　筆者は20代の初め、三菱の軽商用車実験課という部署で働いていましたが、その仕事で身につけた溶接や塗装などの知識は、同社を退職した後、整備士養成専門学校で教員として勤めたときはもちろん、その後の板金塗装業界向けの業界誌の記者や編集者として働く際にも大いに役立ちました。

　好きなことを生業として生きていくのは、簡単に思えてじつは相当難しいことです。クルマ好きだから選んだ仕事で、その後も好きなことの周辺に身を置きながら今日まで来ることができましたが、ガソリンエンジンのクルマがこの先いつまで存在するのかはわからない時代になってきました。

　今後も自動車を取り巻く環境は大いに変化することでしょうが、現在の筆者の望みは、死ぬまでガソリンエンジンのクルマに関わる仕事を続けていくことです。

第3章

軽自動車の
エンジン

Engine of kei cars

1. 軽自動車エンジンの基礎知識

一般的な軽自動車エンジン

排気量660ccという制限の範囲内で、各メーカーが軽自動車用のエンジンをつくっていますが、共通するのはどのようなところなのでしょうか。

エンジンにはさまざまな個性がありますが、各メーカーが採用している軽自動車用のエンジンには、どのような共通項があるのでしょうか。まず、これについて見てみましょう。

■軽自動車エンジンの共通項

現在軽自動車を製造している主なメーカーと主力エンジンは次のようになっています（カタログの**主要諸元表**＝性能や機能を数値で示した表より抜粋。スバル、トヨタ、日産、マツダについては19頁の※参照）。

◎スズキ・ワゴンR：R06A型・水冷4サイクル直列3気筒・DOHC12バルブ吸排気VVT
◎ダイハツ・タント：KF型・水冷直列3気筒・12バルブDOHC横置
◎ホンダ・N-WGN：S07A・水冷直列3気筒横置・DOHCチェーン駆動 吸気2排気2
◎三菱・eKワゴン：3B20 MIVEC DOHC12バルブ・3気筒（水冷直列）

これを見ると、各社とも「**4サイクル**（エンジンの種類）」「**水冷**（シリンダーの冷却方式）」「**直列3気筒**（シリンダーの数と配列）」「**DOHC12バルブ**（バルブの開閉方式と数）」のエンジンを採用していることがわかります（図）。

これらの詳細については追って説明しますが、このように各システム、機構がメーカー間でそろうようになったのは最近のことです（80頁参照）。

ここまでの開発競争の中では、もっと独自色の強い機構を採用するメーカーも多かったのですが、各社それぞれが突き詰めてきた結果現在の形に落着き、横並びしたことがわかります。

■軽の商用車にも電子制御燃料噴射装置を採用

このほか、ガソリン使用量の削減が叫ばれるようになり、軽自動車でも**電子制御燃料噴射装置**が当たり前のように採用されるようになっています。軽乗用車はもちろんのこと、トラックやバンといった商用タイプの車両にもコンピューターを用いた燃料（ガソリン）の供給量制御はもれなく採用されています。

次項からは、「4サイクル」「水冷」「直列3気筒」「DOHC12バルブ」「電子制御燃料噴射装置」ということを中心に、軽自動車のエンジンの基礎について解説していきます。

現在の一般的な軽自動車エンジン

現在の軽自動車エンジンは、「4サイクル」「水冷」「直列3気筒」「DOHC12バルブ」「電子制御燃料噴射装置」が主流となっている。

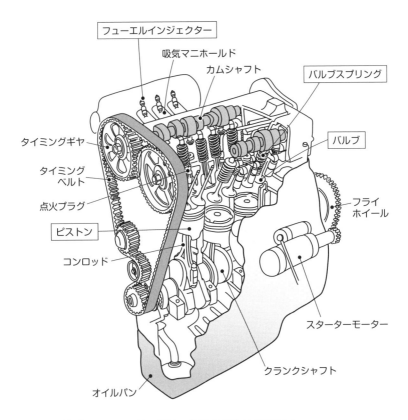

- ●4サイクル：吸入→圧縮→燃焼→排気の4行程を繰り返す
- ●水冷：冷却水によってエンジンを冷やす
- ●直列3気筒：ピストン（シリンダー）が直線上に3つ並ぶ
- ●DOHC12バルブ：1つのピストン（シリンダー）に吸気バルブ2つ×排気バルブ2つ。3気筒なので、4バルブ×3＝12バルブ
- ●電子制御燃料噴射装置：電子制御によって、フューエルインジェクターから適宜燃料を供給する

POINT
- ◎最近の軽自動車は、「直列3気筒・DOHC12バルブ」が一般的
- ◎乗用車はもちろん、バンなどの商用タイプにも電子制御燃料噴射装置が採用されている

4サイクルエンジンとは

軽自動車用のエンジンとしては、現在4サイクルエンジンが一般的ということですが、「4サイクル」とはどのような動きをするエンジンなのでしょうか。

現在、軽自動車用として採用されているのは、バルブ開閉機構（82頁参照）を有するレシプロタイプの4サイクルガソリンエンジンです。**レシプロエンジン**はピストンエンジンとも呼ばれますが、**ピストン**と**シリンダー**がつくる空間に「ガソリン＋空気」の**混合気**を注ぎ込んで、ピストンがシリンダーの中を往復しながら吸入（吸気）→圧縮→燃焼（爆発）→排気（排出）という流れを繰り返します。

この**往復運動**によって得られる力は、ピストンにつながっている**コンロッド**と**クランクシャフト**によって**回転運動**に変換されて動力として取り出されます（上図）。

◾ 4サイクルエンジンは4つの行程を繰り返す

レシプロエンジンには、その作動方式によって4サイクルと2サイクルがあります。4サイクルエンジンは、中図のように、①**吸入**：吸気バルブを開いてピストンが下降し、混合気を吸い込む、②**圧縮**：吸排気バルブを閉じて**燃焼室**を密閉し、混合気を圧縮する、③**燃焼（爆発）**：圧縮した混合気に**点火**し、その爆発力でピストンを押し下げる、④**排気**：ピストンが上昇し、開いた**排気バルブ**から燃焼（排気）ガスを掃き出す、の4行程を行います。このため、**4サイクル（ストローク、行程）**と呼ばれています。

4サイクルエンジンは、タイミングよく開閉する吸排気バルブ（バルブ機構）を持つため**燃焼ガス**が漏れることなく、各行程を正確に実行できるため燃焼時に多くのエネルギーを生み出すことができます。

◾ 2サイクルエンジンを搭載した軽自動車も多かった

1970年代後半頃までは、軽自動車で2サイクルエンジンを採用するモデルが多数ありました（50～57頁参照）。

2サイクルエンジンは、吸入と圧縮、燃焼と排気を同時に行うため「**2サイクル**」と呼ばれます。中図のように、4サイクルでは吸入から排気までをピストン2往復で行いますが、2サイクルでは1往復で行うため（下図）、4サイクルエンジンに比べてより力を出せる（理論上2倍の燃焼）という特徴があり、排気量の小さな軽自動車にとっては有利なエンジンでした。それが廃れていったのは、排気ガスの有害成分が多くて大気汚染の原因となったこと、燃費が悪かったことが大きな理由です。

第3章 軽自動車のエンジン

レシプロエンジンの原理

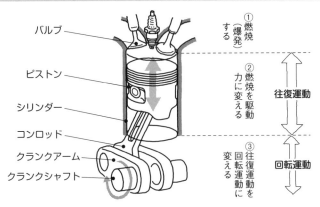

4サイクルエンジンの行程

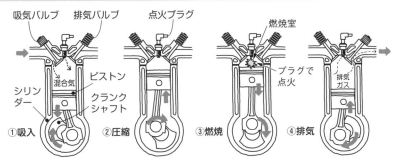

2サイクルエンジンの行程

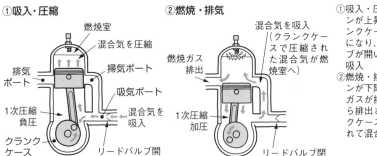

POINT
◎レシプロエンジンは、ピストンがシリンダーの中を往復してパワーを生み出す
◎4サイクルエンジンは吸入、圧縮、燃焼、排気の4行程をピストン2往復で、2サイクルエンジンは1往復で行う

075

エンジンを冷やすしくみ

1-3

4サイクルエンジンは、圧縮した混合気に火花を飛ばして燃焼(爆発)させることでパワーを生み出すということですが、そのようなことを繰り返していて熱に対して大丈夫なのですか。

　エンジンが動き続けている限り、ピストンやシリンダーはつねに"こすれ合う関係"にあります。バイクのように、エンジンがむき出しであれば走行風で冷やすこともできますが、クルマの場合そうもいきません。逆に真冬は、エンジンが温まりにくいため**混合気**の燃焼が安定しません。このように混合気を燃焼させるのに適した温度にエンジンを保つ役割を担っているのが**冷却装置**です。

■水によってエンジンを冷やすのが水冷式

　軽自動車のエンジンも、初期の頃は走行風だけで冷却を行うタイプ（**空冷式**）もありました。例えばホンダは**N360**（50頁参照）に強制空冷技術を採用するとともにバイクの技術で高出力も達成しました。現在の冷却装置は、エンジン各部に**冷却水**を循環させて冷やす**水冷式**となっています。構成部品は次のとおりです（上図）。

①**ラジエーター**：エンジン内部を循環して高温になった冷却水は、**ラジエーター**に送られ、ここで走行風などによって放熱して再びエンジン内を冷却できるようになります（下図枠内）。ラジエーターは圧力式になっていて、水温が100℃を超えても沸騰せず、冷却水の泡立ちを防止しています。

②**電動（冷却）ファン**：エンジンの回転、またはモーターで駆動され、ラジエーターに走行風が十分当たらないときに冷却水の温度を下げます。

③**ウォータージャケット**：シリンダーブロックやシリンダーヘッドに開けられた冷却水の通路で、ここを通ることでエンジンの温度を下げます。

④**サーモスタット**：冬場など冷却水の温度が規定値（90℃前後）以下のとき、エンジンからラジエーターに向かう冷却水の通路を閉じ、エンジン内部に戻してエンジンが早く適温になるようにします（上図枠内）。

⑤**ウォーターポンプ**：エンジンの回転を利用して、エンジン内部とラジエーターを循環する冷却水の流れを生み出します。

⑥**冷却水**：冬でも凍りにくい**ロングライフクーラント**（=LLC）と水を混ぜ合わせたものを使用しています。

⑦**ラジエーターサブタンク**：冷却水は、加圧されていても温度が上がると膨張するので、増えた量を一時的にここに溜めるようにしています（下図）。

第3章 軽自動車のエンジン

水冷式冷却装置とサーモスタットの役割

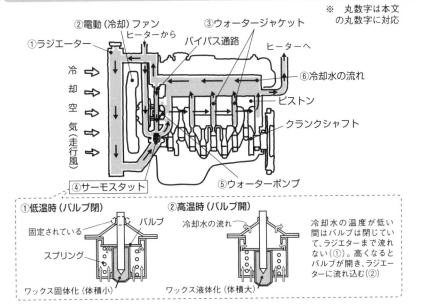

ラジエーターの構成とラジエーターコアの構造

風が当たりやすいように、ラジエーターはエンジン前部に置かれることが多い。冷却水がアッパータンクからロアタンクに流れる間にチューブで放熱され、さらにフィンでも冷やされる。

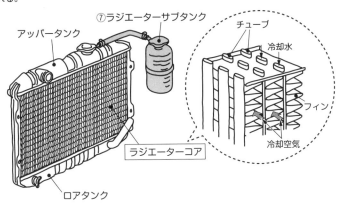

POINT
- ◎エンジンの冷却は走行状態や気温の影響を受けにくい水冷式が一般的
- ◎サーモスタットは、冷却水の温度が低いとき早く上昇させるようにする
- ◎冷却水はラジエーターで加圧され、100℃でも沸騰しない

077

2. なぜ直列3気筒なのか？

2-1 排気量、気筒数、シリンダー配列

72頁で、現在の軽自動車のエンジンは「4サイクル直列3気筒」が主流だとありました。「排気量」のことと合わせて、「直列」「3気筒」の意味についても教えてください。

　第2章で述べたように、軽自動車の総排気量は360cc、550cc、660ccと拡大し、採用されるエンジンも、2（4）サイクル直列2気筒、2サイクル直列3気筒、4サイクル直列4気筒などを経て、現在は4サイクル直列3気筒に落ち着いています。ここでは、これらの用語の意味について見てみます。

◾排気量、総排気量

　30頁でも述べましたが、**排気量**や**総排気量**はエンジンの大きさを表す用語です。通常は「cc」や「L」といった単位で表現され、軽自動車の場合は現在660ccと規定されています。**シリンダー**の中で**ピストン**が往復することによってできる空間の容積（排気量＝**行程容積**）に、シリンダーの数を掛けた数値が総排気量となります（上図）。日本では、軽自動車の660ccがもっとも小さな総排気量となります。

◾気筒数とシリンダー配列

　気筒数、シリンダー配列ともに、エンジンの特性を示す用語です。

　気筒数は、シリンダーの数を示します。同じ総排気量のエンジンでも、気筒数が違うと、エンジンの性格、特に力の発生具合が異なってきます。例えば同じ1800ccのエンジンであっても、3気筒なら1シリンダー当たりの排気量は600cc、4気筒なら450cc、6気筒なら300ccとなります。

　一般的には、各シリンダーの排気量が小さいと1回当たりの爆発力が小さくなり、スムーズに高回転まで回ると考えられます。また、ピストンとシリンダーの関係でも、中図に示すようにエンジンの性格が違ってきます。

　シリンダー配列は、各シリンダーがどのように配置されているかを示します。**直列**とは、シリンダーが直線上に並んだ形のことで、軽自動車はほとんどがこのタイプになっています。

　このほか、偶数のシリンダーを持つエンジンの中で左右同数を迎え合わせて配列したものを**水平対向エンジン**、ある角度をつけて左右に分けたものを**V型エンジン**と呼んでいます（下図）。

　このように、エンジンはエンジンルームの広さや搭載される位置などに応じて、さまざまな種類が用いられています。

第3章 軽自動車のエンジン

排気量と総排気量

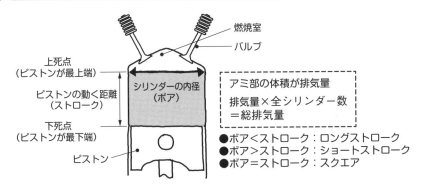

ロングストローク、スクエア、ショートストローク

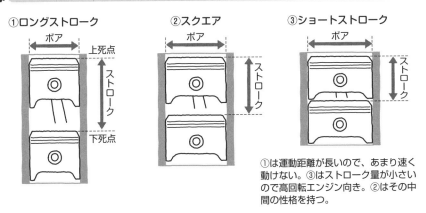

①は運動距離が長いので、あまり速く動けない。③はストローク量が小さいので高回転エンジン向き。②はその中間の性格を持つ。

シリンダー数と配列

POINT
- ◎排気量はエンジンの大きさを表す用語で、単位はccまたはLを用いる
- ◎同じ総排気量のエンジンであっても、気筒数やシリンダー配列の違いによって異なった性格や特徴を持つ

079

2-2 軽自動車に直列3気筒が用いられる理由

軽自動車のエンジンとしては、つい最近まで直列4気筒が用いられていたり、以前には2気筒のものもあったということですが、なぜ現在は3気筒が主流になっているのですか。

繰り返しになりますが、現在生産、販売されている軽自動車のほとんどが直列3気筒エンジンを搭載しています。

最近（2012年頃）まで、スバルやダイハツの一部車種に4気筒エンジンが搭載されていましたし、排気量360ccや550ccの時代には2気筒エンジンも存在していましたが（50～59頁参照）、現在姿を消しています。これはなぜでしょうか。

◤直列エンジンのメリット

軽自動車に限らず、現在は**直列エンジン**が主流です（78頁参照）。これは、構造が比較的シンプルなため部品点数が少なく、重量とコストを抑えることができるからです。特に軽自動車は定められた規格の中で十分な広さ（居住性）を確保するために、**直列3気筒**が適しているということがいえそうです（上左図）。

◤2気筒 VS 3気筒 VS 4気筒

軽自動車の総排気量は660ccですから、気筒別の排気量は
- 2気筒：1シリンダーあたり330cc×2気筒
- 3気筒：1シリンダーあたり220cc×3気筒
- 4気筒：1シリンダーあたり165cc×4気筒

ということになります（上右図）。4サイクルエンジンでは、同じ**総排気量**であれば、**気筒数**が少ないほど1気筒あたりの**排気量**が大きくなるわけですが、これは1回の**爆発力**（**燃焼圧力**）が大きいことを意味します。その反面、**ストローク**（79頁参照）が長くなるためエンジン回転のスムーズさは失われ、振動、騒音も大きくなります。

排気量が同じ場合の2気筒エンジンと3気筒エンジンを比較すると、3気筒のほうが振動が少なく音も静かですが、低回転域での**トルク**（34頁参照）や**燃費**（104頁参照）については2気筒に軍配が上がります。

同様に3気筒と4気筒を比較すると、3気筒のほうが1気筒あたりの排気量が大きくなるため、低回転域でのトルクや燃費がよくなりますが、その反面、2気筒ほどではないにしても振動や騒音が大きくなります。当たり前といえば当たり前ですが、3気筒エンジンの特徴は、2気筒と4気筒の中間的なものになります（下図）。

第3章 軽自動車のエンジン

直列3気筒の1つのメリット

直列3気筒は、決められた"軽自動車"の規格の範囲内で、できる限り大きなスペース（居住空間）を得るために適したサイズのエンジンといえる。

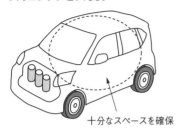

十分なスペースを確保

同排気量の場合、気筒数が少ないほど1気筒あたりの燃焼圧力は大きくなるが、ストロークが長くなる分、回転のスムーズさは失われる。

気筒数別の排気量

①直列2気筒

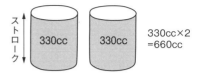

330cc×2
=660cc

②直列3気筒

220cc×3
=660cc

③直列4気筒

165cc×4
=660cc

直列エンジンの気筒数別特徴

気筒数	長所	短所
直列2気筒	・低回転域でのトルクや燃費は3気筒よりもいい	・振動、騒音が非常に大きい ・高回転域でのパワーが足りない
直列3気筒	・低回転域でのトルクや燃費は4気筒よりもいい傾向 ・軽量・コンパクトなため、軽自動車だけでなく1000〜1500ccクラスのコンパクトカーへの採用が増加	・低回転域でのトルクや燃費が2気筒よりも劣る
直列4気筒	・回転がスムーズで振動が少ない ・軽自動車から2000ccオーバーまで幅広いクラスに採用	・直列2、3気筒に比べて燃費が劣る ・パーツが増えることでエネルギーや力の損失が増大し、コストもかかる

POINT
◎直列エンジンは構造が比較的シンプルなため、重量とコストを抑えられる
◎3気筒エンジンは2気筒に比べて振動や音が小さい傾向がある
◎2気筒エンジンは3気筒エンジンに比べてトルクや燃費に優れる傾向がある

3. なぜDOHC12バルブなのか?

3-1 バルブ開閉機構（システム）の役割

4サイクルエンジンでは、吸入→圧縮→燃焼→排気の4行程をバルブの動きによってつくり出していますが、バルブはどのようにして開け閉めを行っているのですか。

75頁の中図を見てください。この図で**吸気バルブ**と**排気バルブ**に注目すると、①吸入行程と④排気行程ではどちらかのバルブが開いて、シリンダーと大気がつながっている必要があること、②圧縮行程と③燃焼行程では両方のバルブが閉じて、大気との通路が遮断されている必要があることがわかります。

■バルブの開閉運動は超高速

この状態をつくるために大きな役割を果たしているのがバルブで、バルブを開いたり閉じたりする機構全体（**バルブ＋カム＋カムシャフト**）のことを**バルブ開閉機構**（システム）といいます（上図）。

一口にバルブを開閉するといっても、一般的な軽自動車のエンジンは1分間に6600回転くらいするので、バルブはその半分の3300回開け閉めされることになります。1秒間で55回ですから超高速です。バルブ（機構）にはこの高速回転に耐えるだけの強度や耐久性、開閉を正確に行うための精密さなどが要求されるのです。

■バルブの構造と開閉のしくみ

バルブはキノコを逆さにしたような形状をしています（中左図）。圧縮行程や燃焼行程では、図の**バルブフェース**が、シリンダーヘッドに取りつけられた**バルブシート**と密着することでバルブが閉じた状態をつくりますが、**バルブスプリング**が上方向に持ち上げるように働くためより強く密着し、燃焼圧力によってさらに密閉度を増しています。

一方、吸入行程や排気行程ではバルブを開く必要がありますが、これはカムによってバルブを上から押さえつけるようにしてスプリングを縮め、バルブフェースとバルブシートの間にすき間をつくるようにします（下図）。

■バルブスプリングが二重である理由

中左図を見てもわかるように、バルブを引き上げているバルブスプリングは、内外二重構造をしています。これはスプリングが**共振作用**（スプリング固有の振動数で伸縮を繰り返したときに発生するもので**サージング**ともいう。中右図）によって破損するのを防止するためです。固有振動数の違う2種類のスプリングを組み合わせることで、異常振動の発生を抑えているのです。

第3章 軽自動車のエンジン

4サイクルエンジンのバルブ開閉機構

- カムシャフト：カムを回すための回転軸
- カム：バルブを押すために一部を膨らませた部品
- 排気バルブ：回転するカムに押されて燃焼ガスを排出する
- 排気：燃焼したガスが排出される
- 吸気バルブ：回転するカムに押されて混合気を燃焼室に招き入れる
- 吸気：ガソリンと空気の混合気が入ってくる

バルブの構造

バルブは開いたキノコに似た形をしていて、柄の部分は燃焼室側からシリンダーヘッドに差し込まれている。

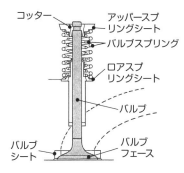

- コッター
- アッパースプリングシート
- バルブスプリング
- ロアスプリングシート
- バルブ
- バルブシート
- バルブフェース

スプリングの共振作用

高回転になったときにバルブスプリングが共振すると、カムの動きに追いつけなくなる。

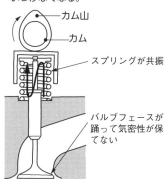

- カム山
- カム
- スプリングが共振
- バルブフェースが踊って気密性が保てない

バルブ開閉のしくみ

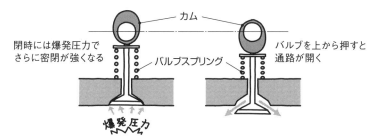

- 閉時には爆発圧力でさらに密閉が強くなる
- カム
- バルブスプリング
- バルブを上から押すと通路が開く
- 爆発圧力

POINT
- ◎バルブ、カムをタイミングよく動かすシステムをバルブ開閉機構と呼ぶ
- ◎バルブスプリングの力によってバルブをバルブシートに密着させる
- ◎スプリングを二重にすることでバルブサージングを防いでいる

なぜ12バルブなのか(マルチバルブ化のメリット)

カタログなどでは、一時期「4バルブエンジン」や「DOHC16バルブ」などの宣伝文句が目につきましたが、バルブに関するこれらの用語はどんなことを意味しているのですか。

4サイクルエンジンでは、吸入行程と排気行程があるので、1つの**シリンダー(気筒)** に対して、最低でも吸気用(**吸気バルブ**)と排気用(**排気バルブ**)の2つのバルブが必要になります。逆にいえば、吸気用、排気用のバルブが1つずつあれば基本的には役割を果たすということです。

■バルブの面積を大きくするという発想

以前は、乗用車用エンジンのバルブは、このように吸気バルブ1、排気バルブ1の2バルブ方式(1気筒あたり2バルブ)が一般的でした。しかし、エンジンに高出力、高回転という条件が求められるようになると、それでは満足できない面が出てきました。

例えば、高性能なエンジンを目指すためには、より多くの**吸気**をする必要があります。そのため、バルブの径を大きくするという手段が考えられました。しかし、このやり方ではバルブが重くなるというデメリットが生じます。

そこで考えられたのが、バルブの径の大型化ではなく、その数を増やすという方法です。こうすることで、1つひとつのバルブの重量を軽減すると同時に、**混合気**や**燃焼ガス**の通路(面積)を大きくして、各行程のスムーズな動作を促進することができます。これがバルブの数を増やす(**マルチバルブ化**)メリットです(上図)。

現在乗用車用のエンジンは**4バルブ**が主流ですが、これは1気筒あたり4バルブ(吸気バルブ2×排気バルブ2)という意味です。軽自動車のエンジンは3気筒がほとんどですから、1気筒4バルブ×3気筒で合計12バルブということになります。

■5バルブエンジンも存在した

現在、軽自動車では4バルブが当たり前ですが、過去には**5バルブ**のエンジンも存在しました(三菱3G8型エンジン)。吸気が3、排気が2バルブの5バルブですが、これは、排気については、高圧となった**燃焼ガス**が自然に流されていくので2つでよく、吸気を3つとしてより多く吸気しようというものです(下図)。

この5バルブエンジンに、**電子制御燃料噴射装置**(92、94頁参照)と**ターボ**(96頁参照)を装備したスポーツバージョンのミニカダンガンが、**自主規制**いっぱいの64PSを発揮するなど、大いに存在感を示しました(98頁参照)。

第3章 軽自動車のエンジン

マルチバルブ

高性能エンジンにするため、バルブの数を増やすことでより多くの吸気をするというのがマルチバルブ化のメリット。

①2バルブ

プラグホール

IN：吸気バルブ
OUT：排気バルブ

②3バルブ

③4バルブ

④5バルブ

5バルブエンジンの例

三菱のミニカダンガンに搭載されていた直列3気筒DOHC15バルブインタークーラーターボエンジン。548ccながら、64PS/7500rpm、7.6kgf・m/4500rpmという数値を誇った。バルブは吸気3、排気2で、プラグは5つのバルブのセンターに配置された。

POINT
- ◎マルチバルブ化により、たくさんの混合気を吸入することができる
- ◎マルチバルブ化により、バルブの小型・軽量化が実現できる
- ◎より高い吸気効率を求めると、4バルブが適している

085

バルブタイミングとは何か？

前項の説明で、バルブのことはある程度わかりましたが、4サイクルエンジンの4つの行程をつくり出すピストンの動きとどのように連動しているのですか。

82頁で、**バルブ開閉機構**（システム）はバルブ、カム、カムシャフトで構成されると述べましたが、カムはゆで卵を縦割りにしたような形をしていて、その形状（**カムプロフィール**）によってエンジンの特性が変わってきます（上図）。

カムはバルブの数だけ配置されていて、カムを並べた棒を**カムシャフト**といいます。カムシャフトは、**タイミングベルト**（チェーン）を介してクランクシャフトとつながっています（89頁図①参照）。

クランクシャフトは**ピストン**の往復運動に連動して回転していますが、このクランクシャフトとベルトやチェーンで連結されているカムシャフトは、クランクシャフトの回転（＝ピストンの往復運動）と直接的につながっていることになります。

■ピストンの動きとカム、バルブの動き

4サイクルエンジンの行程を、ピストンとカム、バルブの動きに注目して見てみましょう（中図）。

①**吸入行程**：ピストンは**上死点**（79頁上図参照）から**下死点**に動きます。このとき**吸気バルブ**はカムによって押し下げられ、すき間が開いて**混合気**をシリンダー内に吸い込みます。

②**圧縮工程**：ピストンは下死点から上死点に動きます。このとき吸気バルブはカムに押されなくなり、閉じた状態です。ピストンが上昇することで混合気が圧縮され、バルブはさらにシリンダーヘッドに密着します。

③**燃焼（爆発）行程**：上死点で混合気が燃焼し、その力で押し下げられます。このとき両方のバルブは完全に閉じていて、爆発力を逃がさないようになっています。

④**排気行程**：ピストンは下死点から上死点に動きます。このとき**排気バルブ**はカムによって押し下げられて開き、**燃焼ガス**がシリンダーから掃き出されます。

下図は、エンジンの状態とバルブの開閉状態を示した**バルブタイミングダイヤグラム**というものです。これを見ると「吸入」のはじめにはまだ「排気」が続いていることがわかります。この**吸排気バルブ**が両方とも開いている状態を**バルブオーバーラップ**といいますが、これは燃焼室に残った燃焼ガスの一部を吸入の勢いで押し出す働きをしています。

第3章 軽自動車のエンジン

カムの形状（カムプロフィール）

カムシャフトにはカム山がつくられているが、その形（プロフィール）によってバルブの開閉時間や開閉量が異なる。これがエンジンの特性を決める要因になる。

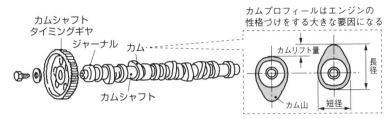

4サイクルエンジンの行程とカム、バルブの動き

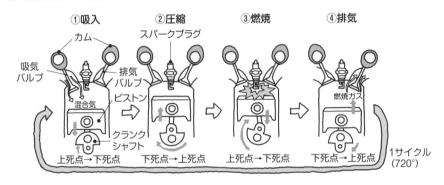

バルブタイミングダイヤグラムの例

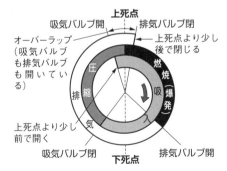

バルブタイミングダイヤグラムによって、バルブの開閉状態とエンジンが4行程のうちどの状態にあるかがわかる。バルブオーバーラップは、吸排気効率をよくするために、吸気バルブ、排気バルブが共に開いているタイミングをいう。

POINT
◎カムシャフトの動きはピストン（クランクシャフト）の動きと連動している
◎吸排気バルブの開閉は、吸入、圧縮、燃焼、排気の4行程に合わせて行われる
◎吸気、排気の両バルブが開いている状態をバルブオーバーラップという

087

3-4 バルブ開閉機構の種類とDOHCのメリット

軽自動車を含めて、現在の乗用車の多くがDOHCを採用しているということですが、それはなぜですか。また、ほかにはどのような種類のバルブ開閉機構(システム)があるのでしょうか。

バルブ開閉機構（システム）にはいくつかの種類がありますが、大きく「吸・排気で分けて並ぶタイプ」と「カムが一直線に並ぶタイプ」に分けられます。

(1) DOHC（ダブル・オーバーヘッド・カムシャフト）

図①のように、1シリンダー（気筒）あたり吸気2、排気2の4つのバルブを2本の**カムシャフト**で開閉します。バルブの上にカムシャフトが2本あることからこのように呼びます。**DOHC**では、一般的に**バルブはカム**で直接押されます。

この方式のメリットは、バルブ等、稼働部品がそれぞれ小さく軽くなって、より高速で動かすのに向くとともに、スプリングなどへの負担も少なくなることです。当初はスポーツカー向けのエンジンでしたが、この方式が排出ガスの削減や燃費を向上させる技術にもつながることから、最近は軽自動車を含む大半の乗用車が採用しています。

(2) OHC（オーバーヘッド・カムシャフト）

OHCとは、本来カムシャフト1本に吸気、排気の各バルブを1つずつ持つエンジンで、カムシャフトがバルブの上に置かれるためこのように呼びます（図②）。

1本のカムシャフトで2種類のバルブを開閉するため、カムの動きは**ロッカーアーム**を介してバルブに伝わるようになっています。バリエーションとして、バルブを複数化したものもあります。

現在、ホンダの軽自動車の主力は、DOHC4バルブのS07Aエンジンですが、アクティバン・トラック、バモスなどには、OHCながらバルブを4つに増やしたエンジン（E07Z）が搭載されています。エンジンをミッドシップに搭載するため、シリンダーヘッドの小さなOHCで、軽量・コンパクトなエンジンが選ばれたようです（33頁図③参照）。

(3) OHV（オーバーヘッド・バルブ）

アメリカ車や2輪車には今も**OHV**が採用されています。カムシャフトはクランクシャフト付近に置かれ、カムの動きは**プッシュロッド**からロッカーアームを経てバルブに伝わります（図③）。この2つの部品が熱によって膨張し、正確な開閉タイミングを設定しにくいため、軽自動車を含め日本車では採用されなくなりました。

第3章 軽自動車のエンジン

バルブ開閉機構の種類

DOHCは、カムシャフトをバルブの真上に置くことができるので、カムによってバルブをダイレクトに動かすことが可能。このため、OHVやOHCのように熱によるプッシュロッドの膨張やロッカーアームのすき間などを気にすることなく作動させることができる。

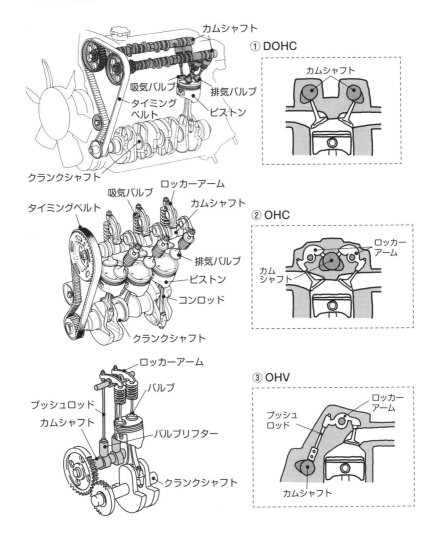

POINT
- ◎ DOHCとOHCはカムシャフトがバルブの上に置かれる
- ◎ DOHCは2本のカムシャフトでバルブを開閉する
- ◎ DOHCは排出ガスの削減や燃費を向上させる技術にもつながる

089

可変バルブ機構(システム)

バルブ開閉機構はエンジンの性格(性能)に直結する部分だといわれていますが、高回転から低回転までオールマイティに対応可能なシステムはあるのですか。

86頁で「カムの形状によってエンジンの特性が変わる」と述べましたが、**カムの長径から短径を引いたもの**を**カムリフト量**といいます(87頁上図参照)。カムが回転することによって**バルブ**を押し下げるので、その形状によってリフト量に差が出るわけです(上図)。

エンジンが高回転しているとき、より多くの混合気を吸い込むためには、リフト量の大きなカムを用いればよいのですが、そうすると**バルブオーバーラップ**が大きいため(86頁参照)、低回転では**混合気**が逃げていってしまいます。

そこで考えられたのが、エンジンの回転数に応じてバルブのリフト量やオーバーラップのタイミングを変えるという方法です。こうすることで、よりパワーと燃費に優れたエンジンにすることができます。

▮連続可変バルブタイミング機構

トヨタが開発し、現在広く採用されているシステムが**VVTi**です。これは、次に紹介するVTECのように、高回転用、低回転用のカムを設けているのではなく、カムシャフトの位相をずらすことによって、エンジン回転数に応じて吸気側の**バルブタイミング**を切り替えることができます(中図)。

当初は吸気バルブ側のみをコントロールしていましたが、現在は排気側のカムシャフトにも用いられるようになり、エンジンの**ポンピングロス**(吸入行程、排気行程で発生している、エンジンが空気を吸い込むときの抵抗(損失))を減らしてより燃費にも貢献できるようになりました。この技術はスズキ(VVT)やダイハツ(DVVT)のエンジンも採用しています。

▮可変バルブタイミングリフト機構

ホンダが開発した**VTEC**は、低回転用、高回転用の2種類のカムをエンジンの回転数に応じて切り替えることができます。主にカムリフト量を変えることで、低回転時は少なめの、高回転時は大量の混合気をシリンダーに導きます(下図)。この技術は三菱のMIVECエンジンも採用しています。

これらの機構には、単独もしくは両方を合体したものなど、いくつかのバリエーションがあります。

第3章 軽自動車のエンジン

● カムリフト量とバルブ開き量

カムリフト量が大きければ大きいほど、バルブの開き方は急激なものとなり、逆にリフト量が小さいと、緩やかに開くことになる。

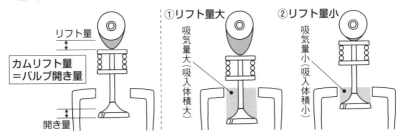

● VVTiの作動

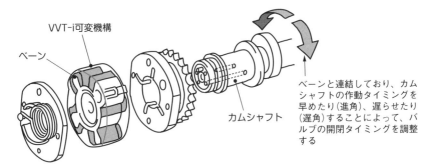

● VTECの作動

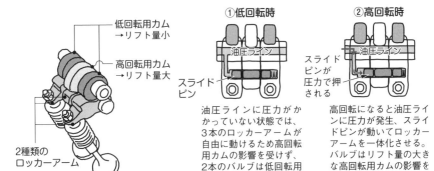

POINT
◎カムの形は、バルブの開閉ポイントやリフト量に大きく影響する
◎VVTiは、カムの位相をずらすことでバルブタイミングをコントロールしている
◎VTECは、エンジン回転数に応じて低回転用カム、高回転用カムを切り替える

091

4. なぜ電子制御燃料噴射装置なのか?

4-1 燃料を供給するシステム

燃料を供給するシステムとして、軽乗用車はもちろん商用車でも電子制御燃料噴射装置を用いていると聞きましたが、これはどのようなものなのですか。

従来、燃料にガソリンを使用する自動車用エンジンの燃料供給は、**キャブレター**と呼ばれる部品を用いて、必要な燃料の量を機械的に決定し、供給する方法が取られていました。

現在は、ムダのない、より精密な燃料供給をするため、ガソリンを空気の通路(**インテークマニホールド**)や**燃焼室**にダイレクトに**フューエルインジェクター**で噴射する**電子制御燃料噴射装置**(フューエルインジェクション)が主流になっています(上図)。

これは、シリンダーに吸い込まれる空気(酸素)の量を測定して、これを基準にガソリンの供給量を決定するというもので、パワーアップや燃費向上などの要求に応えるものです。

■電子制御燃料噴射装置のしくみ

電子制御燃料噴射装置は、主に次のような部分から成り立っています(下図)。

①**各種センサー**:大気温度、冷却水温、排気ガス中のO_2濃度などを検知
②**エアフローメーター**:吸入空気量を測定
③**CPU(コンピューター)**:必要な燃料の量を計算
④**プレッシャーレギュレーター+フューエルポンプ**:⑤から力強く噴霧できるように、燃料に高い圧力をかける
⑤**フューエルインジェクター**:CPUの命令に従って燃料を噴霧

各種センサーから得られるデータや、エアフローメーターで検出されるリアルタイムな吸入空気量がCPUに送られて瞬時に必要な燃料の量を決定し、フューエルインジェクターから供給されるしくみになっています。

■エアフローメーターの働き

フューエルインジェクションの核になっているのが**エアフローメーター**です。初期の頃にはインテークマニホールド近くに空気の流れに沿って動く機械的なフタを設けておき、このフタの開閉量を電気的な信号に変換してコンピューターに送っていましたが、最近はスロットルバルブ前の負圧を電気的に計測して空気量を計算するバキューム方式が取られています。

第3章 軽自動車のエンジン

燃料噴射装置の考え方

以前採用されていたキャブレターでは、シリンダー内に発生する負圧を利用して、燃料が空気に混じることで混合気をつくっていたが、燃料噴射装置は、フューエルインジェクターによって燃料が噴射されることで混合気をつくる。

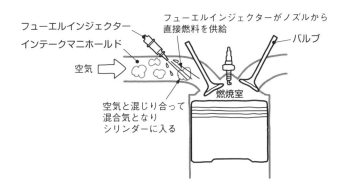

電子制御燃料噴射装置のしくみ

電子制御燃料噴射装置は、エアフローメーターで計測した空気量を元にして大気温度や冷却水温などの数値をCPUで分析、最適な量の燃料をフューエルインジェクターから直接噴射する。

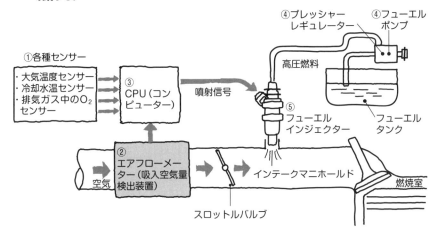

※ 丸数字は本文の丸数字に対応

POINT
- ◎燃料供給装置は、キャブレターから電子制御燃料噴射装置が一般的になった
- ◎パワーアップ、燃費向上の要求から電子制御燃料噴射装置が求められた
- ◎エアフローメーターが、電子制御燃料噴射装置の要となっている

電子制御燃料噴射装置のメリット

電子制御燃料噴射装置の考え方や、システムの概要についてはわかりましたが、商用車も含めてすべての軽自動車に用いられるようになった一番の理由は何でしょうか。

自動車用エンジンは、ガソリンと空気を混ぜ合わせた**混合気**をつくり出すことで効率よく燃焼させていますが、完全燃焼できる理想的な空気と燃料の割合を**理論空燃比**（空気が14.7に対して燃料1）といいます。

■空燃比は運転状況によって変化する

これは、文字どおり理論上の値ですが、実際のエンジン出力については、もう少し燃料の量が多い12：1のあたりで最大になり、燃費については、もう少し空気が多い17：1あたりが最適になります（上のグラフ）。

また、エンジンの始動時には、エンジンが冷えていて燃料の霧化がしづらく、より多くの燃料を必要とするため、5：1くらいの空燃比にする必要があります。

このように、エンジンの効率的な燃焼に必要とされる燃料の量は、クルマの走行状態によって刻々と変化しますが（下のイラスト）、**電子制御燃料噴射装置**では、空燃比センサーなどの各種センサーによって**CPU**（コンピューター）がエンジンの状況を判断しながら、その時々で最適な**燃料噴射量**の制御をしています。

■電子制御燃料噴射装置の利点

ここで、電子制御燃料噴射装置の利点についてまとめておきます。

①吸い込まれる空気の量、空気の温度、スロットルバルブの開度、冷却水温、排気ガス中の酸素含有量などをインプットし、演算したデータから噴射する燃料の量を決定するため、走行状況に応じた細かい対応ができる。

②空気とは別に、**吸気バルブ**の手前で燃料を噴射（最近はシリンダー内部に噴射するタイプもある＝**筒内直接噴射**：102頁参照）するので、アクセルペダルに対する追従性もよく、燃料の霧化状態にも優れる。

③各気筒ごとに**フューエルインジェクター**を持つ（キャブレターのように集中して噴射するタイプもある）ため、気筒ごとのバランスにも優れる。

④複雑な機構を持たないため、故障も少ない。

このように電子制御燃料噴射装置のメリットをあげることができますが、何といっても「走行しているときの状況に応じて最適な量の燃料を噴射することができる」という点が、このシステムがここまで普及した一番の理由といえるでしょう。

走行状況に適した空燃費

空燃費は、A/F（エーバイエフ：AはAirのA、FはFuelのF）と表現されることもある。
理論空燃費は14.7：1だが、①エンジン始動時＝5：1、②加速/高速走行時＝12：1、③経済走行時＝17：1と変化する。

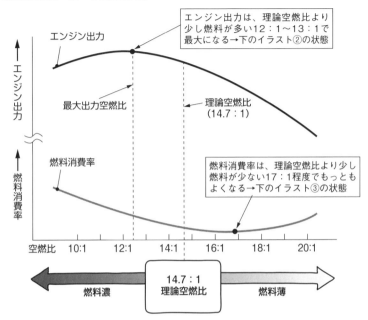

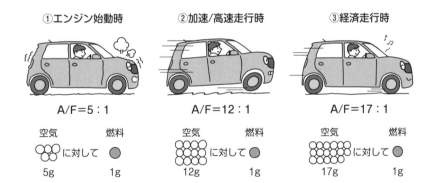

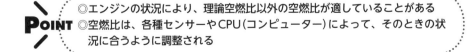

◎エンジンの状況により、理論空燃比以外の空燃比が適していることがある
◎空燃比は、各種センサーやCPU（コンピューター）によって、そのときの状況に合うように調整される

5. エンジンの高出力化

5-1 高出力化の方法
軽自動車のように、660ccという限られた排気量の中で、比較的簡単により大きな力を発揮するためには、どのような方法が考えられるのでしょうか。

最近、普通車でもより排気量の小さなエンジンに、ターボチャージャーやスーパーチャージャーなどの**過給機**（強制的に空気を送り込むことによって充填効率を高め、通常よりも出力をアップさせる装置）を組み合わせて、必要なパワーを確保するとともに燃費も向上させるという技術が進んでいます（102頁参照）。ここでは、ターボチャージャーやスーパーチャージャーのしくみについて見ていきます。

■ターボチャージャーもスーパーチャージャーも過給機

ターボチャージャー（上図）も**スーパーチャージャー**も吸入空気を圧縮してシリンダー内に押し込み、その空気に見合うガソリンを混ぜ合わせて燃焼させて、ちょうど排気量を大きくしたのと同じ効果を生み出そうとするものです。

両者の違いは、空気を圧縮する方法にあり、**排気ガス**の圧力で**タービン**を回し、それとシャフトでつながっている**コンプレッサー**で空気を圧縮するのがターボです。

もう一方のスーパーチャージャーは、エンジンの回転をギヤやベルトなどを介して、直接駆動するローターによって空気を圧縮し、シリンダーに送り込みます。ターボのようにエネルギーの有効活用というわけにはいきませんが、エンジンに対する反応がよく低回転から性能を発揮できるといわれています。

■過給機の性能をさらに高めるインタークーラー

ターボチャージャーやスーパーチャージャーは、エンジン本体に大きく手を入れずに出力を最大5割近くアップすることができますが、その分、エンジンに対する負担も大きくなります。そのため、設定以上に過給されないように、必要に応じて排気ガスの一部を分流することで圧力を下げる**ウエストゲートバルブ**が設けられています（上図の④部分）。

また、過給（圧縮）された空気の温度は上がるので、空気に含まれる酸素の濃度が低くなってしまいます。これを防ぐために、過給後の空気の温度を下げる**インタークーラー**が備えられています。これはちょうどエンジンによって温められた冷却水を冷やす**冷却装置**のようなもので、クルマの前部に設置されたラジエーターに似たインタークーラーで、過給後に温度が上がった空気を冷却し、酸素の濃度を高めるように働きます（下図）。

ターボチャージャーのシステム

①排気ガスの圧力を利用してタービンを回す。②タービンの回転で同軸にあるコンプレッサーを回し、吸入空気を圧縮する。③コンプレッサーからシリンダーまでの間にインタークーラーを設けて吸入空気の温度を下げ、密度を高める（場合もある）。④ウエストゲートバルブは、設定以上に過給しないためのもの。

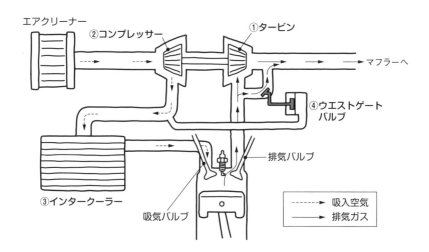

空冷式インタークーラー

ターボによる圧縮で温度が上がり、密度の下がった空気を、走行風をインタークーラーに当てることで冷却し、充填効率を高める。

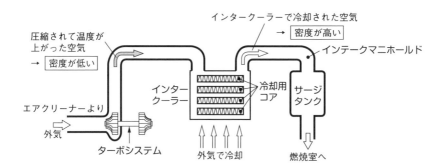

POINT
- ◎軽自動車は、排気量の小ささに対応するために過給機を設けるモデルが多い
- ◎ターボは、排気ガスの圧力を利用して強制的に空気を送り込む
- ◎インタークーラーは、過給されて温度の上がった空気を冷却して酸素密度を上げる

5-2 軽自動車エンジンの高出力競争

軽自動車エンジンの最高出力は64PS(馬力)に自主規制されているようですが、この規制がされた当時の各メーカーのエンジンにはどのようなモデルがあったのですか。

　軽自動車の排気量は、1990（平成2）年に660ccに引き上げられましたが（46頁参照）、550cc時代の最後には、各メーカーが最高出力を競う時期がありました。

　先鞭をつけたのはスズキ・アルトワークスで、直列3気筒DOHC12バルブ・電子制御燃料噴射装置・インタークーラーターボで64PSを発揮しました。これ以降、各メーカーが高出力エンジンを投入したのです（図①〜③）。

　特徴はともかく、当時の高出力エンジンを比較してみると次のようになります。
◎スズキ・アルトワークス：直列3気筒ターボ・DOHC・電子制御燃料噴射装置・64PS
◎ダイハツ・ミラTR-XX：直列3気筒ターボ・OHC・電子制御燃料噴射装置・64PS
◎三菱・ミニカダンガン：直列3気筒ターボ・DOHC・電子制御燃料噴射装置・64PS
◎ホンダ・トゥディ：直列3気筒・OHC・電子制御燃料噴射装置・44PS
◎スバル・レックス：直列4気筒スーパーチャージャー・OHC・電子制御燃料噴射装置・61PS

■メーカーによるアプローチの違い

　この64PSという最高出力は現在も**自主規制**となっていますが、その理由としては、さらにパワーアップを図った場合の危険性や強度面で新たな部品が必要となる点などがあげられます。

　それはともかく、64PSを手に入れるための手法は、各メーカーで違っていました。スズキ、ダイハツ、三菱といった軽自動車の製造をずっと続けて来たメーカーは主力エンジンに**ターボ**等の**過給機**を付加し、さらに**電子制御燃料噴射装置**を取り入れて、ほぼ現在のエンジンに近い状態にしています。また、三菱では**5バルブDOHC**といったまるでレース用エンジンを彷彿させるような機構と自社開発の電子制御燃料噴射装置を取り入れて高出力を実現しました（84頁参照）。

　一方、1974（昭和49）年に軽自動車市場を離れ、復帰したばかりのホンダは、ムリに64PSをねらわず、**自然吸気（N/A）**※路線を進むことになりました。

　逆にスバルは、今後の軽自動車の方向性を見定めるように直列4気筒エンジンに**スーパーチャージャー**、電子制御燃料噴射装置を盛り込むといった野心的なエンジンで、この競争が激しかった時代を乗り越えていったのです。

※　自然吸気(N/A)：過給機(ターボやスーパーチャージャー)を使わずに、大気圧を吸気すること

第3章 軽自動車のエンジン

最高出力を競ったクルマたち

①スズキ・アルトワークス

1987(昭和62)年2月発売
◎直列3気筒インタークーラーターボ・DOHC12バルブ
◎総排気量：543cc
◎最高出力：64PS/7500rpm
◎最大トルク：7.3kgf・m/4000rpm

②ダイハツ・ミラTR-XX

1988(昭和63)年10月発売
◎直列3気筒インタークーラーターボ・OHC6バルブ
◎総排気量：547cc
◎最高出力：64PS/7000rpm
◎最大トルク：7.7kgf・m/4000rpm

③三菱・ミニカダンガン

1989(平成元)年1月発売
◎直列3気筒インタークーラーターボ・DOHC15バルブ
◎総排気量：548cc
◎最高出力：64PS/7500rpm
◎最大トルク：7.6kgf・m/4500rpm

POINT
◎1980年代後半には、軽自動車エンジンのパワー競争が繰り広げられた
◎出力向上にはターボやスーパーチャージャーの搭載と電子制御燃料噴射装置が取り入れられ、この時期に現在に通じる軽自動車エンジンの基礎が確立した

6. 燃費、エコの追求

6-1 燃費、エコに配慮した排気装置の工夫

地球規模で「CO_2排出量の削減」ということがいわれて久しいですが、軽自動車関連の技術としては具体的にどのようなものがあり、どんな効果をあげているのですか。

2サイクルエンジンの頃は、大きな排気音を出したりオイルが混ざった排気ガスをまき散らすクルマも多かったのですが、**4サイクル**が主流になり、**電子制御燃料噴射装置**を採用するようになってからは、**排気ガス**に関わる問題は少なくなりました。その後は**CO_2排出量**の削減、すなわちガソリン消費量の削減が新たな問題となり、その意味でも軽自動車もより高い燃費が要求されるようになってきました。

▌排気ガスを浄化する三元触媒

排気ガスには、CO（一酸化炭素）、HC（炭化水素）、NO_X（窒素酸化物）という有害物質が含まれています。これを酸化・還元反応によって処理するのが**三元触媒**です。

COとHCは完全燃焼すればCO_2（二酸化炭素）とH_2O（水）になりますが、実際は排気ガス中に残ります。また、NO_Xは高温になるほど発生しやすくなります。そこで、NO_Xに含まれるO_2（酸素）をCOとHCに与え（＝酸化）、逆にNO_XはO_2を奪われた（＝還元）ことによってN_2（窒素）にして無害化するというのがその原理です（上図）。

▌NO_Xを低減させるEGR

NO_Xを低減させる装置として**EGR**（Exhaust Gas Recirculation）があります。**排気ガス再循環**といいますが、文字どおり排気ガスの一部を再度吸気させるシステムです。NO_Xは高温で燃焼しているときに発生するため、排気ガスに含まれるCO_2を吸気に回すことによって燃焼温度を低下させ、NO_Xを減らそうというわけです（中図）。

ダイハツの**i-EGR**はこれをさらに発展させたものです。「i」とはion controlledのことで、独自のイオン検出システムによって燃焼状態を把握し、適切なEGR量にコントロールします（下図）。

これによって、①酸素濃度の低下による燃焼温度の低下、②燃焼温度の低下による**冷却損失**（熱を冷却するために必要なエネルギー）の軽減、③NOx（窒素酸化物）の発生を抑制することができ、さらに④通常時と同一の酸素量を得るために必要となるスロットル開度が大きくなるため（排気ガスには酸素がない）、吸気の際のスロットル損失が減少し、燃費効率が上昇する、ということで、特に軽自動車では、**燃費性能**の向上に大きな効果があるとされています。

三元触媒による浄化

三元触媒は、酸化と還元を同時に起こすことによって排気ガスを浄化する。性能を発揮するためには、理論空燃費(94頁参照)を保つことが必要となる。

EGRのしくみ

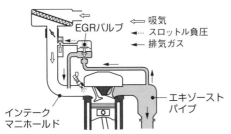

EGRは、酸素が少ない排気ガスの一部を吸気側に戻すことによって燃焼温度を下げ、排気ガス中のNOxの排出を抑制する。

ダイハツのi-EGR

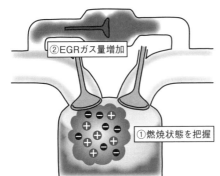

イオンセンサーによって燃焼状態を把握し、EGRガスの量を増やすなど、エンジンの特性に合わせた適切なEGR量に制御する。さらに進化したクールドi-EGRは、水冷式のEGRクーラーによって排気ガスを冷やし、燃焼室に戻すことによって熱効率を向上させる。

> **POINT**
> ◎三元触媒は、酸化と還元によって排気ガス中の有害物質を浄化する
> ◎EGRは排気ガスの一部を再吸気して燃焼温度を下げ、NOxを低減する
> ◎EGRは燃費性能の向上にも貢献する

ダウンサイジングのメリット

最近よく「ダウンサイジング」という言葉を耳にしますが、これはどのようなことを意味するのですか。また、どんなメリットがあるのでしょうか。

軽自動車の場合、元々660ccという小さなエンジンを搭載していますが、**ダウンサイジングコンセプト**は、ヨーロッパでは小型車に関する標準的な考え方となっています。これは、エンジンを小型軽量化（**ダウンサイジング**）しながら、**過給**と**筒内直接噴射**（**直噴**）の組み合わせで好燃費と大排気量並みのパワーを実現するというものです。

◼ダウンサイジングのメリット

そのメリットは、スペースを有効活用できること、エンジンの**フリクションロス**（摩擦による損失）を減らせること、クルマ全体を軽量化できることなどで、軽量化は**燃費**に大きな影響を及ぼします。ただ、排気量の小さなエンジンではパワーが限られてしまうため、過給と直噴の技術によってそれを補おうというわけです（上図）。

ダウンサイジングの考え方に則ってターボなどの過給機を搭載する車両は、当然同クラスのクルマが通常搭載している排気量より小さいものです。したがって、パワーが足りません。そこで、ターボなどを装着して実走行時の排気量をアップするとともに、筒内直接噴射の技術を駆使して、より効率のよい燃焼ができるように工夫がされています。

◼シリンダーに直接燃料を噴射する筒内直噴

筒内直接噴射とは、独自の形状を持つピストンを使用し、正確な量の燃料を必要なタイミングに合わせて高圧で噴射することです。通常の噴射（**ポート噴射**）では、噴射した燃料が壁に付着するなど、適切な量をタイミングよくシリンダーに送り込むのが簡単ではないため、とても有効な技術だといえます（下図）。

筒内直接噴射のメリットとして、次のようなことがあげられます。
① ポート噴射に比べて、空気だけを圧縮すればいいので、燃焼室内の圧力（**圧縮比**）を高くすることができ効率がいい。
② シリンダーにダイレクトに燃料を噴射するため、燃焼室内の温度を下げることができ、異常燃焼、**ノッキング**が起こりにくい（下図枠内参照）。
③ 空気と別々に燃料を入れるため、空燃比のばらつきを小さくすることができる。

これらのメリットによって、燃費のよいエンジンを実現しています。

第3章 軽自動車のエンジン

ダウンサイジングコンセプト

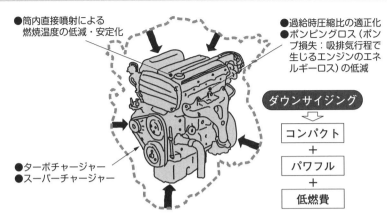

- 筒内直接噴射による燃焼温度の低減・安定化
- ターボチャージャー
- スーパーチャージャー
- 過給時圧縮比の適正化
- ポンピングロス（ポンプ損失：吸排気行程で生じるエンジンのエネルギーロス）の低減

ダウンサイジング
⇩
コンパクト
＋
パワフル
＋
低燃費

筒内直接噴射（直噴）

筒内直接噴射では、圧縮行程の終わりに燃焼室に燃料が噴射される。これに対してポート噴射では、吸入行程で燃料が吸気ポート内に噴射され、空気と混ざり合って燃焼室に入る（93頁上図参照）。

①筒内直接噴射方式：圧縮行程のピストン上昇にともなってプラグの電極付近に燃料が集中し濃度が高まって燃焼を促進する

②ポート噴射方式

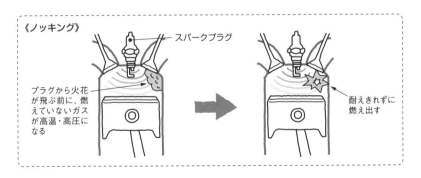

《ノッキング》
- プラグから火花が飛ぶ前に、燃えていないガスが高温・高圧になる
- 耐えきれずに燃え出す

POINT
◎ダウンサイジングコンセプトが、世界的な広がりを見せている
◎小さな排気量のエンジン＋過給機/筒内直接噴射で、パワーアップと燃費の向上を図る

好燃費の追求

燃費性能の向上ということがさかんにいわれていますが、大雑把にどのような方法が考えられるのですか。また、その中でも有効な手段は何でしょうか。

国土交通省の自動車燃費一覧（2017年3月）から、各メーカーで一番燃費のよい車種（**ノンターボ＝自然吸気**）を取り上げると、次のようになります。
◎スズキ・アルト：R06A型　最高出力：52PS　**JC08モード燃費**※：37.0km/L
◎ダイハツ・ミライース：KF型　最高出力：49PS　JC08モード燃費：35.2km/L
◎ホンダ・**N-WGN**：S07A　最高出力：58PS　JC08モード燃費：29.4km/L
◎三菱・eKワゴン：3B20　最高出力：49PS　JC08モード燃費：25.8km/L

燃費性能の向上に向けた取り組み

スズキ・アルトやダイハツ・ミライースのほかにも、リッター当たり30kmを超えるというひと昔前には想像もできなかったような燃費の車種があります。また、出力、燃費ともに優れたモデルが多く、ターボがなくても活発に走れるエンジンを載せた車種が並んでいます。

燃費を含むエンジンの性能向上に対する取り組みは各メーカーで進んでおり、共通しているところを取り上げてみると、
①**可変バルブタイミング機構**をエンジンに採用（90頁参照）
②**CVT、ロックアップトルコン**の採用（122、126頁参照）
③**電動パワーステアリング**の採用（138頁参照）
④アイドリングストップ機構の採用
といった点で各社の足並みはそろっています（上図）。

アイドリングストップによる好燃費の実現

軽自動車の燃費改良で、特に効果があるとして、各自動車メーカーが積極的に取り入れている技術がアイドリングストップです。アイドリングストップは、駐停車や信号待ちなどの間にエンジンを停止させることで、燃料消費量の節約と排出ガスを削減する効果が期待されます（下図）。

このシステムでは、ドライバーに違和感を与えないようにエンジンを停止し、ブレーキペダルから足を離すなどの条件がそろったら瞬時に再始動することが求められます。そのため、容量が大きく充電効率の優れたバッテリーや、強化された**スターターモーター**が用いられるようになっています。

※　JC08モード燃費：実際の走行状況に近づけるため、エンジンが冷えた状態からスタートし、細かい速度変化で運転して計測したもの。2011年4月に導入

燃費を向上させるための対策

カタログの主要諸元を見ると、「主要燃費向上対策」として下記のような項目があげられている。

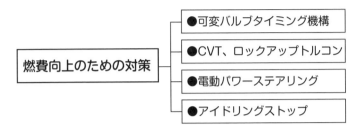

アイドリングストップ

アイドリングストップが理想的に行われた場合、10％以上燃費が向上すると考えられている。エンジン再始動時に必要な燃料を計算に入れても、停車中にエンジンを停止することで節約される燃料の量とほぼ等しいとされるので、5秒以上停車する場合は、アイドリングストップしたほうが燃料の消費が少なくなると考えられる。

エンジンの暖気が済み、一定以上の速度に達してからブレーキペダルを踏んでクルマを停止させると、エンジンが自動的にストップする。また、減速途中にある速度まで下がったら、停止する前にエンジンをストップするタイプもある

ブレーキペダルから足を離すと、瞬時（1秒以下）に再始動する。再始動するための条件は、ブレーキ以外にハンドルを操作するなど、いろいろなタイプがある

- ◎軽自動車の主要車種の出力や燃費はほぼ横並びとなっている
- ◎可変バルブタイミング機構、CVT、ロックアップトルコン、電動パワステ、アイドリングストップなどが、燃費向上に貢献している

6-4 新動力源によるエコの追求（その1）

軽自動車がベースの電気自動車として三菱のi-MiVEが知られていますが、ポイントとなる航続可能距離や、それを伸ばすためのメカニズムはどうなっているのですか。

i-MiVE（アイ・ミーブ）は、2010（平成22）年の4月から一般に販売され始めた三菱の**電気自動車**です（法人向けは2009年7月から）。ベースは同社の軽自動車「i」で、ハイブリッドというわけではなく、純然たる電気自動車です。

■電気自動車のポイントはバッテリーによる航続可能距離

電気自動車なので当然充電が必要ですが、これには普通充電と急速充電があります。**普通充電**は自宅や宿泊施設などにおいて、専用の充電ケーブルでクルマとEV充電用コンセントをつなぐことで行います。**急速充電**は、サービスエリア、コンビニ、道の駅などに設置されている急速充電スポットで行います。

問題の**航続可能距離**は、総電力10.5kWhのモデルで約120km、総電力16.0kWhのモデルで約172kmとなっています（JC08モード一充電走行距離）。

i-MiVEの構成部品は、電気を貯めておく駆動用バッテリー、駆動力を生む小型・高効率のモーター、バッテリーとモーターを制御するインバーター、普通充電時に使用する車載充電器、DC/DCコンバーターなどです（上図）。

インバーターは、バッテリーの直流電流をモーターに必要な3相交流に変換するとともに、ドライバーのアクセル操作に応じて電流と電圧を調整してモーターに送ることで、エンジン車と同様に加減速ができるようにしています。

さらに減速時には、モーターを交流発電機として利用し、ここで生まれた交流を直流に変えてバッテリーに充電する役割（回生機能）も果たして、少しでも走行距離を伸ばすように働きます（下図）。

■エンジンを発電専用として使用する

2016（平成28）年、日産から1.2Lエンジンを発電専用として使用し、優れた走行性能と航続距離を生み出すエコカーノートe-POWERが販売されました。

この「エンジンを発電機として使用する方法」が利用できれば、i-MiVEの走行距離ももっと伸ばせるかもしれません。軽自動車用660ccのエンジンですから、発電機としての性能がどうなのかは不明ですが、三菱と日産は合弁会社**NMKV**において軽自動車の開発を行っていることから（19頁※参照）、こういった技術協力も不可能ではないと思われます。

i-MiVEの基本構造

ガソリンエンジン車、ハイブリッド車に比べてシンプルな構造だが、バッテリーの占めるスペースが大きい。

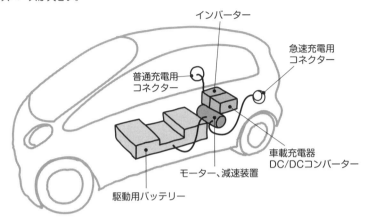

セレクターレバーのエコポジション

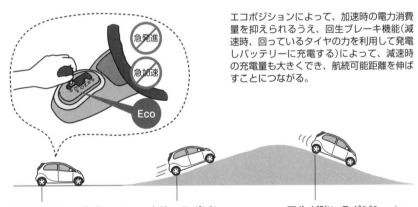

エコポジションによって、加速時の電力消費量を抑えられるうえ、回生ブレーキ機能（減速時、回っているタイヤの力を利用して発電しバッテリーに充電する）によって、減速時の充電量も大きくでき、航続可能距離を伸ばすことにつながる。

省電力なEcoポジション
走行距離を意識した、よりエコな走りが楽しめる。市街地走行に適したポジション

力強いDポジション
アクセル操作に応じた走りが可能。回生が少ないので、惰性で走行しやすいポジション

回生が強いBポジション
長い下り坂などでスピードを抑えた走りができる。減速時に、より多くの充電が可能

- ◎電気自動車は充電式のバッテリーでモーターを駆動するため、バッテリー容量が問題となる
- ◎電気自動車の普及には、充電設備の充実も必要

6-5 新動力源によるエコの追求（その2）

小型車や普通車については、各メーカーでハイブリッド車を製造・販売していてかなり好評のようですが、軽自動車にはハイブリッド車が存在するのでしょうか。

現在、主に小型車の市場では、**ハイブリッド車**がかなりの人気を博しています。それに比べて軽自動車では、完全なハイブリッド車であることを売り物にしたモデルはないといえます。

◾エンジンとモーターを併用して燃費性能を向上させるシステム

軽自動車の中には、モーターを主として一般道や高速道路などの走行はできないものの、エンジン走行時に一時的にモーターを併用してガソリン使用量を低減できる機能を持った車種があります。

それがスズキの**S-エネチャージ**というシステムを搭載するモデルで、現在、**ワゴンR**や**スペーシア**、**ハスラー**といった軽自動車に搭載されています。このシステムは**マイルドハイブリッド**という名で呼ばれることもありますが、構造や役割は変わりません。

S-エネチャージは、エネチャージを進化させたものです。エネチャージは、それまでは捨てていた「**減速エネルギー**」で発電した電気を専用バッテリーに充電して、ストップランプやオーディオなどの電装品に使用していましたが、S-エネチャージでは、これを**走行エネルギー**として使っています。つまり、エンジンをアシストする働きをするわけです。

◾S-エネチャージのしくみ

S-エネチャージのシステムの流れは、①減速時のエネルギーを利用してISG（Integrated Starter Generator＝モーター機能付発電機）で発電、専用鉛バッテリーとS-エネチャージ車専用リチウムイオンバッテリーに充電する→②燃料を多く必要とする加速時や登坂時には、モーターでエンジンをアシストする→③燃費の向上を実現、となります。また、アイドリングストップ後は、ISGのスターターモーター機能によってエンジンを再始動するので、ギヤのかみ込み音がなく、静かでスムーズな再始動を可能にしています（図）。

肝心の**燃費性能**の向上に関しては、ワゴンRのS-エネチャージ搭載モデルでは33.4km/L、そうでないモデルでは26.8km/Lとなっていますから、かなりの貢献度だといえるでしょう。

第3章 軽自動車のエンジン

S-エネチャージのしくみ

①減速時（減速エネルギー回生時）

ガソリンを使わない減速時に、タイヤの回転を利用しながら、エンジンが回り続ける力（減速エネルギー）によってISGで発電。S-エネチャージ車専用リチウムイオンバッテリーとアイドリングストップ車専用鉛バッテリーに充電。

⬛➡ エネルギーの流れ
⬛➡ 電気の流れ

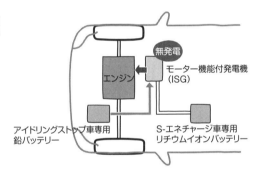

②エンジン再始動時

ISGのスターターモーター機能によってエンジンを再始動。ギヤではなくプーリーとベルトを使用するので静かで快適。

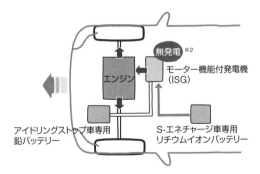

③加速時

蓄えた電気を、加速時のモーターアシストに利用[※1]。エンジンを補助することによって、ガソリンの使用量を減らす。

※1 モーターアシストの作動には、バッテリーの状態など一定の条件がある
※2 電装品の使用状況、バッテリーの状態などにより発電する場合もある

POINT
◎軽自動車には、ハイブリッド車であることを前面に出した車種は存在していない
◎スズキのS-エネチャージは、充電技術の向上とそれを生かしたテクノロジーで燃費性能を向上させている

109

COLUMN

3

軽自動車の思い出③
好きだった軽自動車（その1）

　コラム3から5では、筆者が魅力的だと思っていた軽自動車を紹介します。

●バモスホンダ

　1970（昭和45）年に発売された360ccの軽自動車です。ボディにドアはなく、その代わりに乗員転落防止用のガードパイプが装着されていました。

　2人乗りのピックアップとフル幌タイプの4人乗りがつくられました。外観で目を引くのが車体正面に取り付けられたスペアタイヤで、事故の際の衝撃緩衝用としても利用されたようです。バギーっぽいスタイルのためオフロード車と思われがちですが、4WDとしての性能は持ち合わせず、タイヤも10インチと小さいものでした。雰囲気を楽しむクルマでしたが、ちょうど日本では大盛況となった大阪万国博覧会も開催され、クルマを使った旅行やアウトドアなど、趣味の広がりを予見させるモデルとなりました。

●三菱・ミニカスキッパー

　1971（昭和46）年に発売された360ccの軽自動車です。同社のギャランGTOをミニカーにしたようなファストバックのクーペスタイル（17頁図⑥参照）で、四眼のヘッドライト、切り落としたようなテール、大きく開くリヤゲートと後方視界を助けるスクープドウインドなど、その後のスポーティカーのデザインの見本となるようなアイテムが随所に用いられていました。

　最上級モデルのGTは、SUツインキャブが搭載されて38PSを発揮し、最高速度は120km/hに達しました。当時は360ccの軽自動車にもパワー競争が起きていて、ミニカスキッパーのライバルとなっていたのは、ホンダZ、ダイハツ・フェローMAXハードトップ、スズキ・フロンテクーペなどです。こういった同じジャンル内での競争は、その後軽自動車にかかわらず何度も繰り返されてきました。

　通学路にミニカスキッパーが駐車されていて、毎日「かっこいいな」と思いながら通った記憶があります。

第4章

軽自動車の
駆動系と足回り

The drive system and
undercarriage of kei cars

1. 一般的な軽自動車の駆動系と足回り

1-1 駆動系と足回りの共通項

72頁で、軽自動車の主要車種のエンジンに共通する部分について見ましたが、エンジン以外のシステムでも、各メーカーで共通する部分はあるのでしょうか。

エンジンでつくり出されたパワーは、最終的にタイヤまで伝達されてクルマが走るわけですが、そこに至るまでにはさまざまなシステムを経過します。

■エンジンからタイヤへの動力の伝達

ほとんどの軽自動車が採用している**FF方式**の場合（32頁参照）、シンプルに考えると、①エンジン→②クラッチ（M/T＝マニュアルトランスミッションの場合）→③トランスミッション→④ディファレンシャル→⑤ドライブシャフト→⑥タイヤという流れで動力が伝わります。

このうち②から⑤までのことを**駆動系**（**ドライブトレーン**、**動力伝達装置**）と呼んでいます（上図）。

このほかに、クルマの三要素「走る」「曲がる」「止まる」のうち、主に「曲がる」に関係する**サスペンション**、**ステアリング機構**と、「止まる」に関係する**ブレーキ**がありますが、本書ではこれらを合わせて**足回り**と呼ぶことにします（下図）。

■駆動系と足回りの主な共通項

さて、エンジンについては、メーカーが異なってもじつに多くの共通項が見られましたが、駆動系と足回りに関してはどうでしょうか。エンジン同様、主要な軽自動車の諸元を見てみると（車種はエンジンの場合と同様）、おおむね次のような共通項があることがわかりました。

◎トランスミッション：**CVT**（**自動無段変速機**）
◎ステアリング：**電動パワーステアリング**
◎サスペンション：前輪＝**ストラット／コイル**、後輪＝**トーションビーム／コイル**
◎ブレーキ：前輪＝ディスクブレーキ、後輪＝リーディング・トレーリング式、**ABS**（アンチロックブレーキシステム）の標準装備も多い
◎駆動方式：ほぼすべてのモデルで**4WD**が設定されている

これらの詳細については各項で詳しく説明しますが、それぞれのシステムは小型車・普通車の分野でここ30年、1980年代くらいから広まってきました。

特にCVTや電動パワーステアリング、ABSをはじめとする走行安全技術などは、電子制御技術、コンピューター技術の進化が大きく関わっているといえます。

112

第4章 軽自動車の駆動系と足回り

軽自動車(FF方式)の駆動系

エンジンでつくり出された動力は、クラッチ(M/Tの場合)→トランスミッション→ディファレンシャル→ドライブシャフトと伝わり、最終的にタイヤを回転させる。

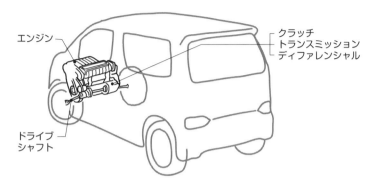

軽自動車の足回り

エンジン、駆動系のほかに、クルマを構成する要素として「足回り」がある。

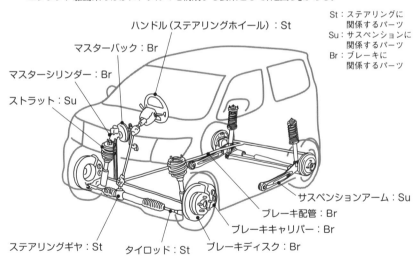

※イラストは、各パーツの位置関係を大まかに示しています

POINT
◎CVT、電動パワステ、4WD、ABSなどが軽自動車の定番となっている
◎電子制御技術、コンピューター技術の進化が、軽自動車を含めたクルマの発展に大きく関わっている

2. 軽自動車のトランスミッション

クラッチの構造と働き

M/T（マニュアルトランスミッション）車に乗り慣れていない人が、A/T（オートマチックトランスミッション）車と比べてもっとも戸惑うのがクラッチ操作だといいます。これはどのような働きをするのですか。

日本では、現在保有車のM/T比率は1～2%ほどだといわれています。したがって、M/Tのことは知らなくてもよさそうなものですが、動力の伝達ということを理解するためには知っておいたほうがいいと思いますし、一部でM/T復活の兆しもあるということなので、この項目ではM/Tに必要な**クラッチ**について、118、120頁ではM/Tについて簡単に解説することにします。

■「切る」と「つなぐ」がクラッチの仕事

クラッチは、エンジンでつくられた回転力を必要に応じて「切ったり」「つないだり」する働きをします（上図）。どのようなときにエンジンの回転力を切断する必要があるかというと、①信号停止、②変速、③駐車停止といった場合です。①では、クルマは完全に止まっていますが、エンジンは回っています。これは、クラッチによってエンジンの回転力を切断して**ニュートラル**の状態をつくり、トランスミッションに伝わらないようにしているからです。②ではトランスミッションで変速しますが、その前に一度クラッチを切る必要があります。③の駐車停止でも、走っている状態からいきなりニュートラルにすることはなく、まずクラッチを踏んで動力を切断してからシフトレバーをニュートラルにするのが一般的です。

このように、クルマを動かす場合、何らかの操作をする前にクラッチを切ってニュートラルにする行為は、通常の状態でも頻繁にあり、エンジンをエンストさせずに操作するために必要な行為となります。

■クラッチの構造と作動

中図は、クラッチの構造を示しています。このタイプをダイヤフラムスプリング式と呼んでおり、M/Tの乗用車にはこの方式が多くなっています。

作動については、クラッチペダルを操作すると、ダイヤフラムスプリングの中心部にレリーズベアリングが押しつけられ、これがてこの原理で押しつけている方向とは逆側に反り返ります。すると、**クラッチディスク**を**フライホイール**に押しつけている力が減少し、最後はその力がゼロ（クラッチオフ）になります（下図）。

クラッチには、**クラッチペダル**の動きをワイヤーを通じて伝えるタイプと、油圧方式といってオイルの圧力で伝えるタイプがあります。

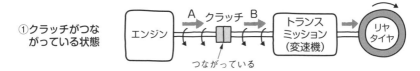

🔩 クラッチの役割

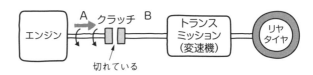

🔩 クラッチの構造

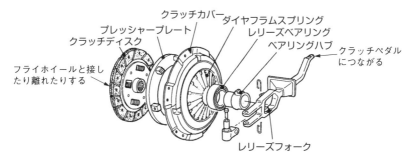

🔩 クラッチの作動

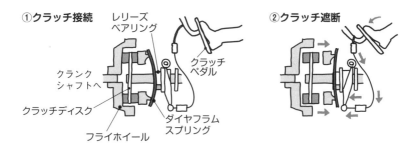

> **POINT**
> ◎クラッチの大切な役目は、エンジンの回転を①必要に応じて遮断する、②しっかりとトランスミッションに伝える、③発進時などに徐々に伝えるの3つ
> ◎クラッチにはワイヤー式と油圧式がある

115

2-2 トランスミッションによる変速の必要性

トランスミッションによって変速されることで、クルマは発進したり坂道を登ったり、高速走行できることはわかるのですが、そもそも「変速する」とはどういうことなのですか。

軽自動車は、小型車や普通車よりも軽いですが、それでも800kgから900kg程度はあります。それだけの重量のものを停止した状態から動かすのはもちろん、いわゆる坂道発進ともなれば、非常に大きな**トルク**（**回転力**）が必要になります。その一方で、平坦な道や高速道路、下り坂などを走る場合には、それほどのトルクは必要ありません（34頁参照）。

このへんのことは、自転車を思い浮かべてみるとわかりやすいでしょう。

▍自転車の変速とギヤの関係

ママチャリに多い3段ギヤの自転車で発進する場合、普通は上図①のようなギヤの状態にしてスタートします。ペダル側のギヤよりもタイヤ側のギヤのほうが大きく、楽にこげる代わりにペダルを多く回転させなければなりません（ペダルが1回転してもタイヤは1回転しない）。

平坦路になって変速すると、ペダル1回転に対してタイヤもほぼ1回転するようになりますが、スピードを出そうと思えば、一生懸命ペダルをこぐ（ペダルの回転を速くする）必要があります（上図②）。

高速走行をしようとタイヤ側のギヤを一番小さいギヤに変速した場合（上図③）、ペダル1回転でタイヤは1回転以上するようになります。つまり、ペダルの回転数よりタイヤの回転数を上げてスピードを出しているわけです。

▍回転数を犠牲にして回転力を上げるのが減速作用

このように、ギヤの組み合わせを変えて変速するために装備されているのがトランスミッションで、その原理は自転車と同様です。

クルマの場合、重量の関係から、エンジンの回転力を犠牲にして（落として）トルクを増幅するように変換するギヤの組み合わせが多く、この**トルクアップ**の作用を**減速作用**と呼びます。

減速作用とは、歯数の異なるギヤ（M/TやA/Tの場合）やプーリー（滑車）（CVTの場合）を組み合わせて、エンジンの回転数に対してタイヤの回転数を下げることによってトルク（回転力）を増加させることといえるでしょう（下図）。

なお、減速比は入力側と出力側2つのギヤの歯数の比で表されます。

第4章 軽自動車の駆動系と足回り

自転車の変速とギヤ

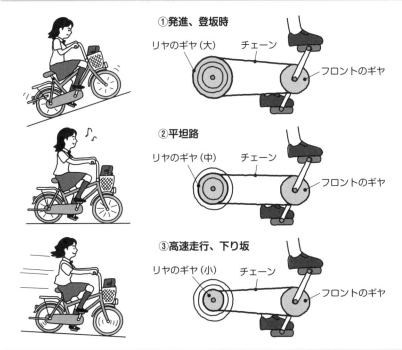

ギヤの組み合わせと減速比

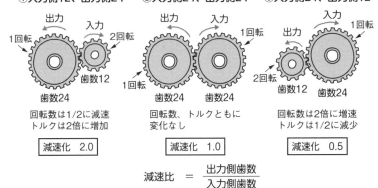

$$減速比 = \frac{出力側歯数}{入力側歯数}$$

POINT
◎エンジンの回転数をギヤやプーリーの組み合わせによって下げ、逆にトルク（回転力）を上げることを減速作用という
◎減速比＝出力側歯数÷入力側歯数

117

トランスミッションの役割と多段化の意味

「最近のトランスミッションは多段化されている」という話を聞いたことがありますが、変速段数を増やすことによってどのようなメリットが生まれるのですか。

前項で「変速」について述べましたが、**トランスミッションの役割**は、要約すると次の3つになります。

■トランスミッションの役割

①**変速**：エンジンの回転数に対してタイヤの回転数を少なくしてして（**減速**）、逆に回転力を増やす。回転力に余裕があるときは、増速してスピードを高める（116頁参照）。

②**後退**：エンジンの回転方向は一定のため、トランスンミッションのギヤの組み合わせを変えて後退させる（リバース）。

③**中立**：エンジンが回転している状態で、信号停止などのためにクルマを止める場合に、トランスミッションのギヤのかみ合いを断って、中立（**ニュートラル**）の状態をつくる。

この変速、後退、中立の3つの状態を、ギヤの組み合わせを変えることで生み出しているのです（上図）。

■多段化することの意味

中図を見てください。これは**FF方式**（32頁参照）のM/T車のトランスミッションの例です。前進5速、後退1速のギヤが、複雑に組み合わされているのがわかります。

次に下図を見てください。これは、ギヤの組み合わせによって変速するということを、イメージとしてとらえていただくために用意したものです。6速トランスミッションの各ギヤでの駆動力とスピードを示したもので、前進中に順にシフトアップしてエンジン回転を上げたときの変化を表しています。

これを見ると、各変速ギヤにはパワー（駆動力）の出るピークがあり、それを過ぎると一気に力がなくなることがわかります。各ギヤのピーク（山）を結ぶように変速していけば、滑らかに加速することができます。

現在、6速、あるいはそれ以上に変速段数を増やす傾向にありますが（**多段化**）、これは段数を増やして各速の駆動力のピークを近づける（**クロスミッション化**）ことで、よりスムーズな変速を可能にするためです。

第4章 軽自動車の駆動系と足回り

トランスミッションの役割

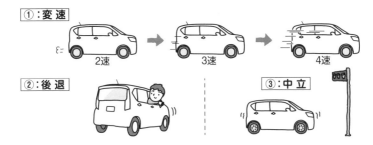

FF車のトランスミッション

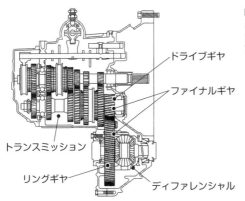

FF車では、トランスミッションとファイナルギヤ、ディファレンシャルを一体構造としたトランスアクスルが用いられている。

多段化の意味

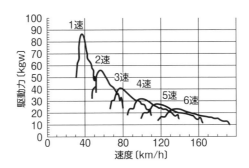

POINT
- ◎トランスミッションの大きな役割は、①変速、②後退、③中立の3つ
- ◎最近のトランスミッションは多段化の傾向にある
- ◎多段化することで、よりスムーズな変速を可能にしている

119

2-4 M/Tの構造と作動

M/T（マニュアルトランスミッション）は、クラッチペダルの操作が必要になるため、とても複雑で難しいイメージを抱いてしまいますが、基本的な構造や機構はどうなっているのでしょうか。

上図はM/Tの断面図を模式化したものです。

■メインシャフトとカウンターシャフトは常にかみ合っている

クラッチを経由してエンジンにつながっているクラッチシャフト（メインドライブシャフト）とメインドライブギヤは、カウンターシャフトと常にかみ合っています（そのため、**常時かみ合い式**と呼ばれる）。

この状態でドライバーがクラッチを切ってシフトレバーを操作すると、図の**スリーブ**が動かされて、目的とする変速ギヤとかみ合って動力が伝わります。ここで忘れてはならないのが、ギヤは金属でできているということです。クルマが停止時に1速ギヤに入れて、ある程度そのまま走れたとしても、スピードが出てくれば2速、3速へとシフトアップしなければなりません。逆にスピードが遅くなればシフトダウンする必要があります。

こういった場合でも、ギヤ同士がぶつかり合うことなく、スムーズにギヤチェンジができるように、ギヤ機構の中には工夫がされています。それは、異なる速度で回転しているギヤをかみ合わせる場合、かみ合う前に速度を合わせようとする**シンクロメッシュ機構**というものです。

■シンクロメッシュ機構の働き

M/Tでは、前出のスリーブと、目的とする変速ギヤの回転をどうやって合わせているのでしょうか。

下図はシンクロメッシュ機構の断面図ですが、変速しようとして図のスリーブを右または左へ動かすと、スリーブ内側の凹みにはめ込まれているシンクロナイザーキーが、変速させる相手ギヤにシンクロナイザーリングを押しつけます。この摩擦によって、変速されるギヤの回転は徐々にシンクロナイザーリングやシンクロナイザーキーと同じになり、スリーブは自由に目的のギヤへと進んで行くことができるのです。

このようにシンクロメッシュ機構は摩擦力を利用してかなり強引にトランスミッション内の変速ギヤの回転速度を合わせています。そのため、クラッチ操作などをいい加減に行うとギヤが破損するといったトラブルを起こす場合があります。

第4章 軽自動車の駆動系と足回り

常時かみ合い式トランスミッションのしくみ

シフトレバーを動かすとスリーブが動く。スリーブは、各ギヤの間を動くことができ、メインシャフトと任意のギヤを連結してデフ(ディファレンシャル)へ出力することで、状況にあったトルク伝達をしている。

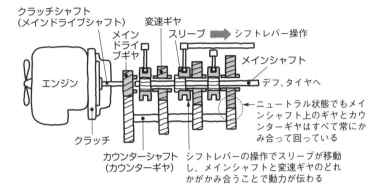

シンクロメッシュ機構の断面図と分解図

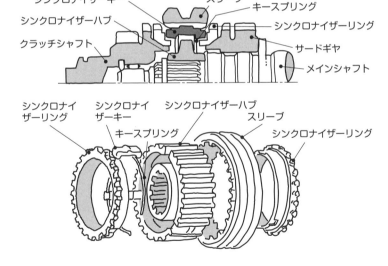

> **POINT**
> ◎M/Tは、クラッチシャフト、カウンターシャフト、メインシャフトがあり、シャフト上のギヤが常にかみ合って回っている常時かみ合い式が一般的
> ◎シンクロメッシュ機構のおかげで、変速操作はかなり楽なものとなっている

121

2-5 トルクコンバーターの構造と役割

軽自動車のカタログの主要諸元には、「主要燃費向上対策」のところに「ロックアップ機構付きトルコン」と書かれているものがありますが、これはどのような働きをするのですか。

トルコン＝トルクコンバーターは、A/TやCVT（124、126頁参照）でエンジンとトランスミッションをつないでいます。前項で説明したM/Tのクラッチは乾式クラッチといいますが、トルクコンバーターは**流体クラッチ**と呼ばれています。

■トルクコンバーターの増幅作用

トルクコンバーターは、単なるクラッチの役目を果たしているだけでなく、トルクの増幅をしています。これは、次のような場面で実感することができます。

エンジンをかけた状態の登り坂では、エンジン回転が高まっていないうちは、ブレーキを踏まなくてもクルマは坂の途中で停まっていて、なかなか動こうとしません。アクセルを踏み込み、エンジンの回転が高くなるにつれて動き出し、坂を登り切ると、今度はアクセルを緩めなければスピードが出すぎる状態になります。

この一連の動きは、トルクコンバーター内部でエンジンの回転上昇をトルクに変換し（**トルクの増幅作用**）、駆動力を増しているために起こるものです。この作用は、ステーターがオイルの流れる方向を変えて、ポンプインペラーの背面から後押しするように働くことによって生まれています（上図）。

■入力と出力の２つの軸を合体させるロックアップ機構

流体クラッチの特徴の1つは、「常にクラッチが滑っているような状態で動力の接続や切断ができる」ということです。これは、エンジンがトランスミッションと機械的につながっていないため、伝達効率が悪いということを意味します。トルクコンバーターの**ロックアップ機構**は、これを是正するための機構です。

実際の動きとしては、入力側の**ポンプインペラー**と出力側の**タービンランナー**を機械的に接続して、滑りのない動きをさせようとするもので、トルコン内部に下図のように機械的なクラッチが設けられています。ポンプインペラーとタービンランナーの速度差やA/Tオイル温度等の設定条件が満たされたときにだけこのクラッチが接続されて、トルクコンバーターに滑りがなくなります。

このように、トルクコンバーターの滑りがなくなることにより、アクセルペダルに応じたエンジンの回転上昇がダイレクトになるだけでなく、トルクコンバーターの滑りが減少し、燃費がアップするなど多くのメリットをもたらします。

第4章 軽自動車の駆動系と足回り

⚙ トルクコンバーターのしくみ

①トルクコンバーターの断面図

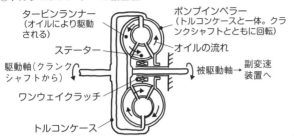

ポンプインペラーは、エンジンの動力によって回転する。タービンランナーは、ポンプインペラーが回転することによってATフルード(オイル)を介して回転し、トランスミッション側となってタイヤへ出力する。

②ステーターの役割

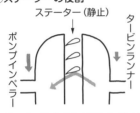

ステーターはオイルの流れをポンプインペラーの回転を助ける方向に変える

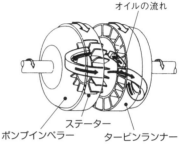

⚙ ロックアップ機構の作動

①ロックアップクラッチ作動前

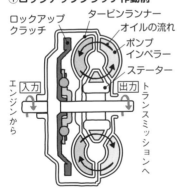

②ロックアップクラッチ作動時

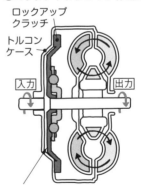

クラッチがトルコンケースに押しつけられてエンジンの回転を直接出力する

POINT
- ◎トルクコンバーターは、エンジンの動力を断接したり、増幅したり、速度を速めたりして伝える
- ◎ロックアップ機構は、トルコンを機械的に接続してエンジン回転を直接伝える

123

2-6 CVTの考え方

最近の軽自動車はCVTが主流ですが、カタログの「変速比」の欄を見ると「Dレンジ：4.007〜0.550」のように書かれています。これはどういうことでしょうか。

CVTとはContinuously Variable Transmissionの略で、**連続可変トランスミッション**を意味します。現在、軽自動車のトランスミッションはCVTが標準といってよい状況ですが、いわゆるコンパクトカーにおいてもかなり高い比率で採用されています。

■ CVTの基本的な考え方

119頁の下図で見たように、ギヤを使ったトランスミッション（M/T、A/T）には、それぞれの変速ギヤにもっとも適したピークの部分があり、対応できるスピードには限りがあります。

では、走行状態に応じてギヤ比を自由に設定できるとしたらどうでしょうか。わかりやすいように、ここでも自転車を例に考えてみます。

上図を見てください。117頁の図ではギヤ式の例でしたが、ここではギヤではなく、AとBの2つの**プーリー**（滑車）をベルトでつないでいると考えてください。A、Bはプーリーですから、両者をつないでいるベルトの食い込み具合によって、プーリーの大きさ（直径）を自由に変化させることができます（126頁参照）。

① 発進時はプーリーAの直径を小さくしておき、その後Bを大きくしてやることで、Aの回転がBには減速して伝わり、**回転力**（トルク）を大きくできます。
② フラットな道では、AとBの大きさを同じにしておけば快適に走れます。
③ 徐々にスピードアップしてきたら、Aに比べてBのプーリーを小さくしてやることでペダル一回転でも後ろのタイヤは一回転以上回ることができ、その分スピードアップが可能です。

■ CVTは変速比が連続して変化する

CVTではこのように回転数を連続的に変化させて減速または増速でき、限りのあるエンジントルクを走行状態に応じて変換しています。そのため、文字通りの無段階変速を実現でき、スムーズな加速をすることができます（中図）。これがCVTの最大のメリットです。カタログの表記で変速比が4.007〜0.550のように幅を持たせて書かれているのは、ギヤ式のように各変速ギヤの変速比が決まっておらず、連続的に変化していくからです（下図）。

CVTの考え方

117頁上図の自転車の例と同様に、プーリーAを小さくBを大きくすれば、トルク(回転力)が大きくなるため、スピードは出せないが坂は登りやすくなる。反対にプーリーAを大きくBを小さくすれば、スピードが出せるようになる(坂は登りにくくなる)。

ギヤ式とCVTの変速イメージ

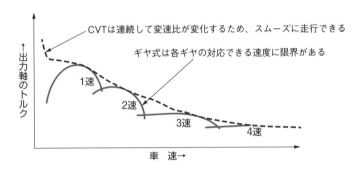

CVTのメリット・デメリット

カタログの諸元表を見てもわかるように、CVTは「主要燃費向上対策」の1つとしてもあげられている。

CVTのメリット	CVTのデメリット
◎変速のショックが少ないため、スムーズに加速することができる ◎エンジンの効率のよい回転数を使い、つねに最適なギヤ比を選ぶことができるため燃費がよい	◎高速走行になると、ベルトが滑るようになるなどの理由から燃費が悪くなる ◎A/T車に比べてコストが高い ◎異音が発生しやすい

POINT
◎ギヤ式のトランスミッションでは、各変速ギヤが対応できる速度の幅に限りがあるため、スピードに応じて変速を繰り返す必要がある
◎CVTでは、変速比を無段階に変化させることができる

CVTの構造としくみ

CVTの考え方や、メリット・デメリットについてはわかりましたが、2つのプーリーの大きさ(直径)がどのようにして変化するのかなど、その構造としくみについて教えてください。

　CVTの基本的な考え方は、前項で説明したとおりです。ただ、実際にプーリーの半径を自在に変化させるのはかなり難しい問題です。またエンジンが発生するトルクを受けて、滑らずに回転を伝えるベルトを開発するのは相当な難問でした。同じ発想であっても、エンジンの発生するトルクが小さく、ゴム製のベルトが利用できた2輪のスクーターには、かなり早い時期から無段階変速機構が採用されていました。

■プーリーの直径が変化するしくみ

　上図は軽自動車にも搭載されているCVTの断面図です。**スチールベルト**を介して、**プライマリープーリー**と**セカンダリープーリー**がつながっていることがわかります。このベルトは、金属製の細かなプレートをつなぎ合わせて耐久性と柔軟性を持たせています。また、プーリーの片側は可動式で、油圧ピストンの動きに連動して動くようになっていて、プーリーの幅が広くなったり狭くなったりします。

　下図は、このプーリーの動きとベルトの回転半径の変化を模式的に示しています。発進時など、大きな駆動力が必要な場合は、入力側のプライマリープーリーの幅が広がってベルトが深く入り込みます。一方、出力側のセカンダリープーリーの幅が狭まると、ベルトは浅い位置でプーリーにかかるようになり、ギヤ式トランスミッションの1速や2速のように減速比が大きくなって、大きなトルクが得られます。逆に高速走行時には、入力側のプーリーの幅が狭まり、出力側が広がるほどエンジンの回転が増速されるようになります。

■コンパクトカー以外にも普及しているCVT

　こういった**減速比**の変化を連続的に行えるのがCVTの最大の特徴で、エンジンがもっともトルクを発揮できる回転数や燃費のよい回転数を保った状態で走り続けることが可能になります。

　CVTは、前項下図で示したようなメリットから、軽自動車をはじめとした小排気量のクルマで積極的に採用されるようになりました。大型でもともとエンジントルクの大きなクルマは、ベルトの滑りや耐久性の問題から採用が見送られていましたが、ベルトに代わるローラー式のCVTや高耐久性のベルトの開発が進んで、採用する車種が増えてきています。

第4章 軽自動車の駆動系と足回り

CVTの構造

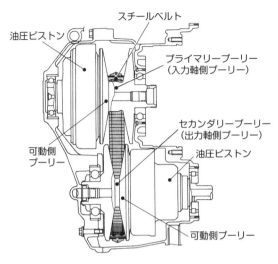

CVTは、溝幅が軸方向に自由に変化することができる一対のプーリー（プライマリープーリーとセカンダリープーリー）と、特殊なスチールベルトによって構成される。

CVTのしくみ

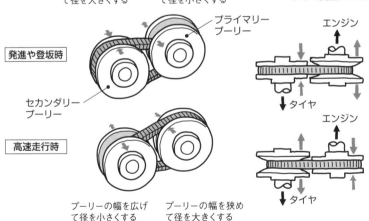

プーリーの直径は、ベルトがかかる溝の幅を油圧でコントロールして変化させる。

◎CVTは油圧によって幅が変化するプーリーを入力側と出力側に持ち、その間を金属ベルトでつないでいる
◎プーリーの幅を変化させて、入力側と出力側の変速比を連続的に変えている

127

トランスミッションの新技術

軽自動車に採用されているシステムで、M/Tをベースにしたオートクラッチ＆トランスミッションのものがあると聞きましたが、それはどのようなものなのですか。

　スズキの軽自動車の中には、M/Tと同様のトランスミッションにクラッチを自動化した**AGS**（Auto Gear Shift：**オートギヤシフト**）を採用した車種があります。アルトターボRSやアルトワークスといったスポーツタイプの乗用車に加え、エブリイ、キャリイといった商用車にも燃費を向上させる目的で搭載されています。クラッチがないので、アクセルとブレーキだけ（2ペダル）で操作でき、AT限定免許でも運転可能です。

▰ヨーロッパではM/Tが主流

　現在日本の乗用車は、ほぼ**A/T**といってもいい状況になっています。アメリカも同じような傾向なのですが、ヨーロッパでは事情が違っていて、8割以上が**M/T**というデータが出ています。

　その理由としては、①アウトバーンが完備されていて長距離移動が当たり前、②渋滞が少ない、③燃費やコストに対する意識が高い（A/Tは高コストで燃費が悪いと考えている）、④クルマの運転を楽しむ人が多いといったことがあげられます。

　そのヨーロッパでも、M/Tと同じトランスミッションで、クラッチとシフト操作を自動的に行う**AMT**（Automated Manual Transmission：**自動変速マニュアルトランスミッション**）があります。スズキのAGSも同タイプのオートマチックトランスミッションなのです。

▰ギヤ部分は、ほぼM/T

　上図を見てください。ギヤの部分はM/Tのギヤ機構とほぼ同じで、変速時にギヤの回転数を合わせる**シンクロメッシュ**機構も見えます。

　5AGSは、5M/Tをベースにクラッチおよびシフト操作を自動で行うようにしたもので、悪路に強く、きびきびとした力強い走りに加え、電子制御によって優れた燃費性能とギヤの最適化で高い登坂性能を発揮します。

　また、一般的なギヤを使用していることでCVTとは異なり出力が大きめのクルマでも滑りがなく対応できるといったメリットがあります。さらに、通常AMTには装備されていない、駐車時やエンジン始動時に使うPレンジや、**クリープ機能**[※]がついています（下図）。

※ クリープ機能：A/T車で、アクセルを踏んでいなくても、ブレーキから足を離すとゆっくりクルマが動くことをクリープ現象という。この機能を持たせたもの

第4章 軽自動車の駆動系と足回り

AGSの構造

スズキのAGSはM/Tをベースにクラッチやシフト操作を自動的に行う電動油圧式アクチュエーターを用いたAMTの1つ。BMWではSMG(Sequential Manual Gearbox：シーケンシャル・マニュアル・ギヤボックス)、VWではASG(Automatisiertes Schaltgetriebe：ドイツ語でオートメーテッド マニュアル トランスミッションの意味)と呼んでいる。

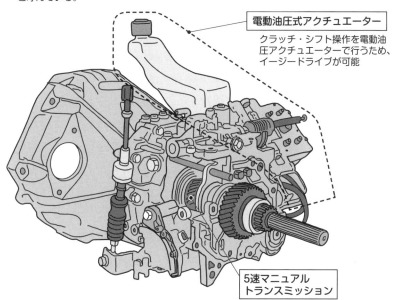

電動油圧式アクチュエーター
クラッチ・シフト操作を電動油圧アクチュエーターで行うため、イージードライブが可能

5速マニュアルトランスミッション
ギヤの高い伝達効率により燃費が向上

AGSのシフト操作

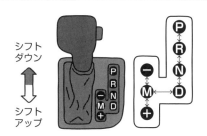

シフト操作はA/Tと同じでP-R-N-D、マニュアルモードは左に倒して、前に押すとシフトダウン、後ろに引くとシフトアップとなる。アクセルとブレーキだけで操作する2ペダル式。

◎M/Tのギヤ機構をベースに、クラッチ操作とギヤの変速を自動化した2ペダルM/TがAMT(自動変速マニュアルトランスミッション)
◎AGSには、Pレンジやクリープ機能がついている

129

3. 軽自動車の動力伝達

軽自動車の4WD

最近の軽自動車の4WDは、構造が簡単で重量が軽いといった理由で、「ビスカスカップリング」を用いたタイプが採用される例が多いと聞きます。これはどのような4輪駆動システムなのですか。

当然のことながら、4WDでは4つのタイヤがすべて駆動輪となります。そのためには、エンジンで生まれる駆動力を前輪、後輪の4つのタイヤに振り分けるための**トランスファー**や、旋回時に前後輪の回転速度の違いを差動する**センターデフ**などが必要になり、メカニズムの複雑化や車両重量の増加がデメリットとなります。

■ビスカスカップリングでシステムをシンプルに

最近の軽自動車を含めた乗用4WDは、前後の駆動力配分に**ビスカスカップリング**と呼ばれる**流体クラッチ**を用いるタイプが多くなっています。

これは、上図のように内部に何枚ものプレートが取り付けられており、そのプレートは1枚おきに前輪と後輪の駆動輪と接続されています。プレートの間にはシリコンオイルが充填されていて、プレートをゆっくり動かすときには動けますが、速く動かそうとすると**せん断抵抗**が加わって簡単には動けなくなります。

FFベースの4WDの場合、雨や雪などによって前輪が滑り、前輪と後輪の回転差が大きくなると、このせん断抵抗がはたらいて直結状態に近くなります。

こういった特性を持つビスカスカップリングを使用することで、必要に応じてフロントとリヤに動力を分配し、差動するシステムを簡素化することができたのです。なお、センターデフを必要とするフルタイム4WDでもビスカスカップリングを用いているものがあります（中図）。

■最近の乗用4WDはスタンバイ式が主流

現在、軽自動車メーカーでこのビスカスカップリングを4WDに利用しているのは、スズキ、ダイハツ、三菱で、ホンダはリアルタイムAWDという名で、独自の電子制御クラッチを用いた方式を取っています。

すべてのメーカーに共通していえるのは、軽自動車の乗用タイプに採用されている4WDは**スタンバイ式**（生活四駆）と呼ばれるもので、舗装路を走行する通常時はFF車となんら変わることなく（2WD）、ひとたび雨や雪が降って前輪が滑って前後輪で回転差が生じた場合には、後輪にも動力を伝えて確実にグリップして走る（4WD）という大きなメリットを発揮します（下図）。この利点があるため、まさに生活に根付いたクルマとして広まっているのです。

第4章 軽自動車の駆動系と足回り

ビスカスカップリングの構造

右図のように、鉄板を動かそうとする場合、ゆっくりと引くと動くが、速く動かそうとすると抵抗が加わって容易には動かせない。これは、粘体に発生するせん断抵抗によるもので、ビスカスカップリングはこの特性を利用している。

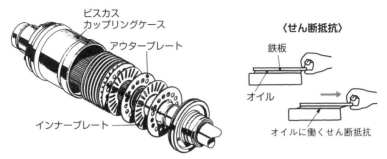

ビスカスカップリングを用いたセンターデフ

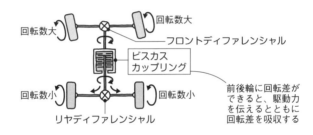

ビスカスカップリング式4WDの特徴

FFの場合、平坦路などの通常の走行では、主に前輪にトルクを配分（2WD）

雨や雪、急な登り坂などの滑りやすい路面では、前後にトルクを配分（4WD）

> **POINT**
> ◎ビスカスカップリングは、シリコンオイルのせん断抵抗により駆動力を伝える
> ◎軽自動車の4WDは、ビスカスカップリングを用いたスタンバイ式（生活四駆）が主流になっている

131

ディファレンシャルの構造と働き

エンジンでつくり出され、トランスミッションで変速して駆動力を高めたエンジンの回転力は、その後どのようにしてタイヤまで伝わっていくのですか。

　トランスミッションで走行状態に応じた回転力へとトルクアップされたエンジンの力は、FFなら前輪へ、FRならプロペラシャフトを通って後輪へと伝達されます（32頁参照）。この際、その直前にある**ディファレンシャル**（差動装置）で回転差による旋回時の悪影響を取り除きながら、付属する**ファイナルギヤ**（終減速装置）でさらに**減速**されて大きな駆動力となり、駆動輪へと伝えられるのです（上図）。

　例えばトランスミッションが1速の場合、1速の減速比（3.00程度）と、ファイナルギヤの**終減速比**（4.00程度）を掛け合わせた**総減速比**は約12.00となり、エンジンの回転数が1/12ほどに減速されてタイヤへ伝わります（116頁参照）。

▰ディファレンシャルの働きは「終減速」と「差動作用」

　終減速以外に、ディファレンシャルが受け持つもう1つの大きな働きが**差動作用**です。これは4輪車の宿命なのですが、クルマがハンドルを切って旋回しようと円運動をすると、駆動輪となる2輪にはおのずと回転差が生まれます。

　この回転差は、左右のタイヤ間の距離が短い軽自動車でも必ず存在し（中図）、この状態で走り続けたとすると、旋回するごとに発生する距離の差をどちらかのタイヤが滑ることで帳尻合わせする必要があります。これは結果的に不安定な旋回状態を引き起こし、タイヤの偏摩耗の原因となります。

▰ディファレンシャルの差動作用でスムーズな旋回

　ディファレンシャルの内部は、下図のようになっています。左右のタイヤに駆動力を伝えるドライブシャフトは、ディファレンシャルのリングギヤに直接つながっているわけではなく、リングギヤの回転はディファレンシャルケース、ピニオンシャフト、ピニオンギヤ、サイドギヤを経てドライブシャフトに伝わります。

　直進状態のときは、リングギヤの回転はディファレンシャルケースを通じてピニオンシャフトを回しますが、ピニオンギヤ（デフピニオン）は自転せずに左右のサイドギヤを回すので、左右輪の回転に差が出ず同じように回ります。

　そして、中図のような旋回時は、右側のタイヤが長い距離を転がり、左側は短い距離でなければタイヤは滑ってしまいます。そこでピニオンギヤ（デフピニオン）が自転し、右側を多く回転できるようにしています。

第4章 軽自動車の駆動系と足回り

駆動力の伝達（FRの場合）

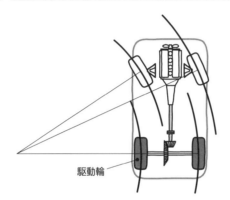

旋回時のタイヤの動き（FRの場合）

クルマは、旋回するとき4輪が同心円で回るようになっている。このイラストの場合、駆動輪としてつながっているリヤのタイヤが描く円の半径は大きく異なっている。

ディファレンシャルのしくみ

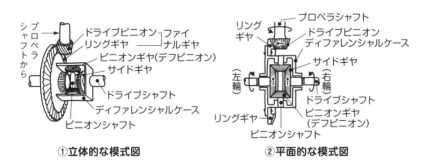

①立体的な模式図　　　　②平面的な模式図

POINT
◎ディファレンシャルの主な働きは「終減速」と「差動作用」
◎ディファレンシャルは、差動作用によって旋回時の左右のタイヤに適切な回転差をつけている

133

差動制限型デフの作動

ディファレンシャル(デフ)の役目はわかりましたが、片方の駆動輪が雪や泥などで滑ってしまった場合、反対側への動力の伝達はどうなっているのですか。

　通常のディファレンシャル装着車では、片輪がぬかるみにはまって滑ると、他方は停止して走行不能になってしまいます。またディファレンシャルは左右の駆動輪に等しいトルクを伝える特性があり、片方が空転すると駆動力が減少し、最後には空転していない側も駆動力を失うという困った欠点も持っていて、雨天の高速道路の走行が不安定になるといった弱点もあります。

▌差動装置の欠点を補う差動制限型ディファレンシャル

　そこで、雪道や不整地の走行が多いクルマ向けに、差動作用を抑える**リミテッドスリップデフ**（**LSD**）が用意されていて、いくつかの種類があります。

　多板クラッチを用いたタイプ（湿式多版式）の場合、組み上げられた段階で内部のフリクションディスクとプレートに押しつけ力が加わっていて、エンジンからの駆動力で片方のサイドギヤが単独で回ろうとした際、そのサイドギヤの回転がデフケースを伝わって反対側のサイドギヤも回して、回転力を伝えようとします（上図）。

　このとき、デフケースが回るとピニオンシャフトが抵抗になってプレッシャーリングを押し広げクラッチプレートの押しつけ力がさらに高まり、左右のサイドギヤの駆動力をより強く伝えるようになり、悪路からの脱出等が可能になります。

▌4WDと軽スポーツで有名となったビスカスデフとトルセンデフ

　差動制限型ディファレンシャルの中には、軽自動車の4WDの普及で使用されることが増えた**ビスカスカップリング**（130頁参照）を用いたタイプもあります。

　このディファレンシャルのビスカスカップリングは、内部で左右のタイヤにつながっているサイドギヤに接続されており、左右輪に回転差があるときだけ、回転の速いほうから遅いほうにトルクを伝達するように働きます（下図）。ただしこの機構を備えたディファレンシャルでは、左右の回転差が大きく、長時間続く場合は発熱等の不具合を生じることがあります。

　また、こういった問題点をなくしたディファレンシャルとしてトルセン（トルクセンシング）デフと呼ばれる機械式の差動制限デフもあります。**トルセンデフ**には、差動制限力の強いタイプ、設定可能幅が広いタイプなどがありますが、ギヤが回転するときに発生するスラスト力[※]をサイドギヤに伝えて差動を制限します。

※　スラスト力：回転軸の軸方向にかかる力

第4章 軽自動車の駆動系と足回り

湿式多版式LSD

トルクがかかると、ピニオンシャフトのカム部がプレッシャーリングを押し広げ、クラッチプレート(フリクションディスクとフリクションプレート)を押しつけることで作動する。

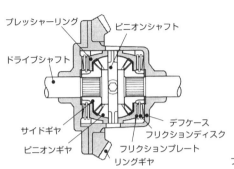
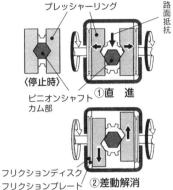

ビスカスカップリング式LSD

シリコンオイルの粘性によって差動制限がされる。トルクに関係なく、左右のタイヤに回転差が生じた場合に作動する。

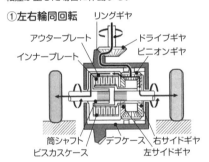
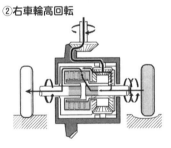

〈ビスカスカップリング〉
アウタープレートとインナープレートの回転差が生じると、すき間にあるシリコンオイルがかき回されて膨張し、インナープレートを押し密着する(図②)。トルク伝達は、常に回転の多い側から少ない側になる(131頁上図参照)

> **POINT**
> ◎ディファレンシャルは、片方の駆動輪が滑ると他方は回らなくなる
> ◎差動制限型デフは、片方のタイヤが滑った場合にデフケースを通じるなどして、反対側の駆動輪にトルクを伝える働きをする

135

4. 軽自動車の足回り

4-1 ステアリング機構の構造と作動

ドライバーがクルマを運転するときに操作するのはハンドル、シフトレバー、アクセルペダル、ブレーキペダルなどですが、ハンドルの動きはどのようにしてタイヤまで伝わるのですか。

ドライバーがハンドルを操作すると、その角度に応じてフロントタイヤは角度を変化させて旋回します。このハンドルの動きはいろいろな部品を経由してタイヤまで伝達されていきます。

■クルマを操るために必要なステアリング機構の構成部品（上図）

（1）ステアリングホイール

ハンドルの正式な部品名は、**ステアリングホイール**といいます。クルマを旋回させるために操作するのはもちろん、ホーンスイッチやエアバッグ（154頁参照）が設けられるほか、最近ではギヤチェンジするためのシフトレバー（**パドルシフト**、66頁※参照）や、オーディオを操作するためのスイッチなどが装備されたクルマもあります。ステアリングホイールは、ドライバーが運転しやすいように調整することができます（下左図）。

ウィンカーやライト類のスイッチは昔からの装備品で、キースイッチを含めた付属品を取り付けてある部分を**ステアリングコラム**と呼んでいます。

（2）ステアリングシャフト

ステアリングホイールの回転をステアリングギヤ機構まで伝えるためのシャフトで、クルマの進む方向をタイヤに伝達します。またこのシャフトは、クルマが事故で前面を損傷した場合に、ドライバー側に飛び出すのを防ぐ目的で、衝撃を受けると変形して縮むようになっており、これを**コラプシブル機構**といいます（下右図）。

（3）ステアリングギヤ機構

ステアリングシャフトの回転を左右のタイヤに減速して伝えるためのギヤ機構が**ステアリングギヤ機構**です。

（4）リンク機構

ステアリングの回転は、ギヤ機構で左右方向の動きに変換されたあと、タイロッドを経てナックルアームに伝わります。タイロッドは自身の長さを変えられるようになっており、車検時にサスペンション関係の部品の位置関係を確認することができるようになっています（**アライメント調整**[※]）。この調整値はカーメーカーで指定されており、この値が基準値内に入っているかどうかが問題になります。

※ アライメント調整：サスペンションにつけられている角度を適正な状態に調整すること

第4章 軽自動車の駆動系と足回り

ステアリング機構

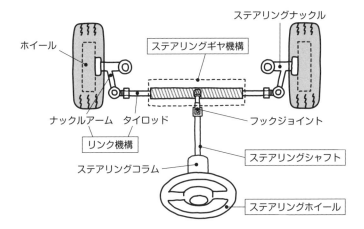

ステアリングの工夫

ドライバーの体格や姿勢に合うように、ステアリングホイールの角度やドライバーとの距離を調整することができる。

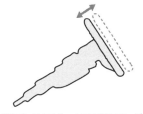

①テレスコピックステアリング

②チルトステアリング

コラプシブル機構

正面衝突時などに前から大きな力を受けた場合、ステアリングシャフトが変形してドライバーの側に飛び出すのを防ぐ。

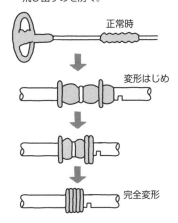

◎ステアリングの操作はステアリングシャフトからステアリングギヤ機構に伝わり、リンク機構を経てタイヤをコントロールする
◎ステアリング機構には、事故などの際にドライバーを守る工夫がされている

137

パワーステアリングの構造と作動

ハンドル操作が重いときに、その操作を助けてくれる電動パワーステアリングは、軽自動車など小排気量のクルマから普及したと聞きましたが、それはなぜでしょうか。

　電動パワーステアリングについて説明する前に、前項で少しだけ触れたステアリングギヤ機構について見てみます。

◤ステアリングギヤはラックアンドピニオン式が主流

　現在、軽自動車に用いられている**ステアリングギヤ機構**は、ラックアンドピニオン式が主流です。普通車などにはボールナット式と呼ばれるギヤ機構もありましたが、最近は構造のシンプルさ、部品点数の少なさといった理由と操作感がダイレクトであることからラックアンドピニオン式が好まれるようになっています。

　ラックアンドピニオン式のギヤ系統は上図のようになっています。この図を見ても、部品点数が少なく、遊びがないことが理解できます。ラックギヤはタイロッド、ボールジョイントを経てステアリングナックル（137頁上図参照）につながっており、車検時などにアライメント値を調整します（136頁※参照）。

◤燃費をよくするためにエンジンのパワーを使わない電動パワーステアリング

　パワーステアリングは、日本車には古くから装備されていました。以前は油圧式（ハンドル操作をオイルポンプで発生した油圧を利用して行った方式）が主流でしたが、現在は電動式が主流になっています。

　現在の軽自動車はエンジンのパワーを"走る"ためだけでなくさまざまなシステムに利用しています。発電機（オルタネーター）やエアコンのコンプレッサーを使用するだけでも相当なパワーを消費しており、軽自動車の小排気量エンジンでは、油圧パワーステアリングのポンプを利用するだけでもかなりの負担になります。そのため、エンジンの負荷を少しでも減らすために、必要なときにハンドル操作をアシストする**電動パワーステアリング**が普及したのです。

　電動パワーステアリングでは、ステアリングシャフトやラックギヤなどに専用のモーターが取り付けられています。30〜40km/h程度までの速度域でのみハンドル操作を補助するように働き、それ以上になるとマニュアルステアリング（アシストがない）になります。エンジンのパワーをムダにしないだけでなく、少しでも**燃費**を向上させるといった理由から、軽自動車やコンパクトカーはもちろん、最近では普通車でも電動パワーステアリングを採用するクルマが増えています（下図）。

第4章 軽自動車の駆動系と足回り

ラックアンドピニオン式のステアリング機構

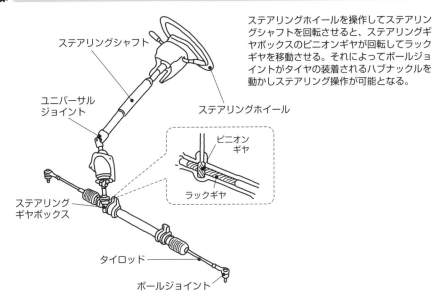

ステアリングホイールを操作してステアリングシャフトを回転させると、ステアリングギヤボックスのピニオンギヤが回転してラックギヤを移動させる。それによってボールジョイントがタイヤの装着されるハブナックルを動かしステアリング操作が可能となる。

電動パワーステアリング

ハンドルを切るとトルクセンサーがそれを感知し、ECU(コンピューター)からの指令によってモーターが操舵力をアシストする。その他、エンジン回転、車速などによって適度な重さが得られるようになっている。

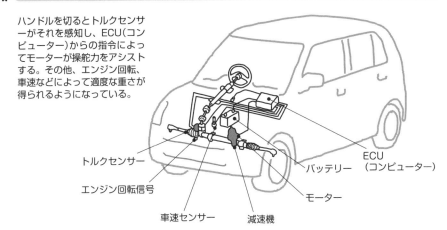

◎軽自動車を含めた乗用車のステアリングギヤ機構は、ラックアンドピニオン式が主流になっている
◎燃費を向上させるため、電動パワーステアリングが普及している

139

4-3 サスペンションの役割

タイヤ(ホイール)は、サスペンションを介してボディ(フレーム)とつながっていますが、サスペンションの役割は乗り心地をよくすることなのでしょうか。

舗装された道は凹凸がないように思われるかもしれませんが、よく見ると高速道路でも年中補修されて継ぎ目があり、クルマが走ることでできる轍も存在しています。

■ サスペンションが果たしている3つの役割(上図)

サスペンションは、タイヤがある程度自由に動けるようにして、路面の凹凸による振動やショックをボディにできるだけ伝えないように働きます。また、乗り心地や振動を低減するだけでなく、タイヤが自由に動けることで路面への接地性(追従性)を上げて、タイヤができるだけ路面から離れないようにしています。

路面からタイヤが離れることでデフの差動作用が働き、離れたタイヤが空転し、接地しているタイヤが駆動力を失って不安定な走行状態になることについては134頁で説明しました。

さらに、サスペンションには車体を支えるという大きな役割があります。クルマの重量は軽自動車でも1t近いものがあります。4輪で支えるとして、1輪あたり250kgもの重量を支えつつ、高速で走ったり、急カーブを曲がったりして、安定した走行状況を生み出さなければなりません。

■ 車軸懸架と独立懸架

下図①は**独立懸架(インディペンデント)式**、②は**車軸懸架(リジッド)式**と呼ばれるサスペンション形式です。独立懸架式は、軽自動車を含む乗用車の前輪のほとんどに、また車軸懸架式は、軽自動車を含む小型のFF車の後輪やFR車の一部に採用されています。

イラストを見ると、路面の凹凸や傾斜によって受けるボディやタイヤの傾き具合がわかります。

①の独立懸架式のタイヤは左右それぞれが自由に動けるため、路面の影響を受けることが少なく、したがってボディの傾きも少なくなります。

②の車軸懸架式は、左右どちらかのタイヤが持ち上がるとボディ全体が傾き、乗っている人も左右に揺られることになります。ただ、車軸式は左右のタイヤを堅固なアクスル(車軸)で結んでいるため、荷重や衝撃に耐えられるとともに、構造が簡単でコストが抑えられることがメリットとなっています。

第4章 軽自動車の駆動系と足回り

🔧 サスペンションの役割

クルマは、サスペンションの性能しだいで乗り心地や操縦性のかなりの部分が決定づけられることになる。

サスペンションの役割
①乗り心地をよくする
②路面への接地性を高める
③車体を支える

🔧 独立懸架式と車軸懸架式

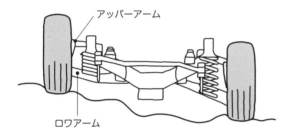

①独立懸架式
路面が傾いても、左右のサスペンションが独立して動くことで傾きが少なくなる。イラストは、独立懸架式の代表例であるダブルウィッシュボーン式(142頁参照)。

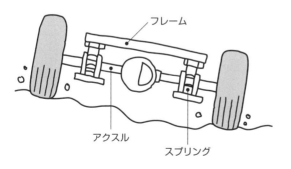

②車軸懸架式
左右のタイヤがアクスル(車軸)でつながっているため、路面が傾いているとクルマも傾くことになる。イラストは、車軸懸架式の代表例であるリーフスプリング式(144頁参照)。

POINT
◎サスペンションの働きは、主に①乗り心地をよくする、②タイヤの路面への接地性を高める、③車体を支えるの3つ
◎サスペンションは、大きく独立懸架式と車軸懸架式に分けられる

前輪に用いられるサスペンション

軽自動車は、その大半がFF方式(32頁参照)を採用していますが、この場合、前輪の果たす役割が非常に大きくなります。その前輪に用いられるサスペンションには、どのようなものがあるのですか。

軽自動車のようなFF方式のクルマの前輪が果たす役割は非常に大きく、①エンジンが発生する駆動力をタイヤを経て路面に伝える、②ハンドル操作でタイヤの角度を変えて進行方向を決定する、③前輪でボディを支える、④ブレーキでタイヤの回るスピードを下げるなど、少なく見積もってもこの4つの働きをこなしています。

サスペンションは、こういった働きをする前輪とボディを結んで支え、ハンドル操作時には的確に角度をつけるとともに、走行時の振動をやわらげ、乗り心地をよくしています。

▰前輪にはストラット式が主流

軽自動車の前輪には、構造が簡単で部品点数も少ないという理由で、**ストラット式**が定番になっています。

この方式では、ストラットのアッパーシートがボディに取り付けられ、ロワにはサスペンションアームと呼ばれる、タイヤの動きに応じて上下にスイングする支えが取り付けられています。ブレーキの部品もここに取り付けられており、駆動力を伝達するドライブシャフトもここに組み込まれていて、非常にコンパクトにまとまったシステムになっています（上左図）。

この方式以外のフロント用サスペンションは、**ダブルウィッシュボーン式**といったタイプがありますが、軽自動車用としては部品点数も多くなり、コスト的にも不向きといえます（上右図）。

▰ショックアブソーバーが果たす役割

ストラットとは、**スプリングとショックアブソーバー**が一体となったユニットのことをいいますが、ストラット式のサスペンションには、構造が簡単で比較的軽量な**コイルスプリング**が使用されます。

ショックアブソーバーは、一度力が加わってスイングし始めたらなかなか収束しない振動の動きを抑え込み、緩和させるためのものです（**減衰作用**、下左図）。基本的なしくみは、オイルが封入された筒状のシリンダー内をピストンが上下し、そのピストンに開けられた小さな穴（**オリフィス**）をオイルが通過するときの抵抗を利用して減衰作用を生み出しています（下右図）。

ストラット式(左)とダブルウィッシュボーン式

ストラット式は、ストラットがクルマの重量を支えるパーツとしても使用されるため、ショックアブソーバーのスムーズな動きが妨げられることがある。ダブルウィッシュボーン式はアッパーとロワのアームでタイヤを支持し、スプリングとショックアブソーバーは振動と衝撃の緩和を担当する。

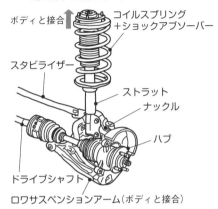

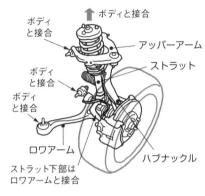

減衰作用の働き

ショックアブソーバーがあると、2回目以降のバウンシングの振幅が少なくなり、収束時間も早くなる。これは、ショックアブソーバーの減衰力による作用の影響。

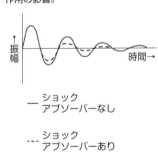

減衰力発生のしくみ

減衰力は、伸び側、圧縮側の両方に発生する。一般的には、伸びるときに小さな径のオリフィス、圧縮するときに大きな径のオリフィスを通して減衰力を発揮する。

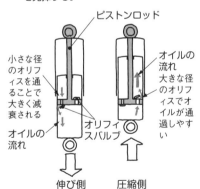

POINT
◎軽自動車の前輪にはストラット式サスペンションが定番になっている
◎ストラットにはコイルスプリングが使用され、内部にはショックアブソーバーが備えられている

4-5 後輪に用いられるサスペンション

軽自動車の前輪には、主にストラット式サスペンションが用いられているということですが、後輪にはどのような種類のサスペンションが採用されているのですか。

前項で述べたように、FF車の前輪は多くの仕事をこなしています。一方、後輪は方向転換に関わらないため、シンプルでもいいと思われがちです。しかし、クルマの重量とパワーが増し、速度が高まるにつれて、より安定した運動性能や旋回性能が求められるようになり、リヤサスペンションの構造もクルマの種類に応じて複雑になってきました。

▊軽自動車の定番はトーションビーム式サスペンション

現在のFF方式の軽自動車の定番となっているリヤサスペンション形式は、**トーションビーム式**です。この方式では左右のホイールがそれぞれのトレーリングアームに付けられ、トーションビームと呼ばれるアクスルで結ばれています（上図①）。

これはある程度のねじれを許容できる柔軟な構造になっており、シンプルで重量も軽く、振動や衝撃にもソフトに対応できるといったメリットを持っています。

また上図②は**リンク式リジッドサスペンション**で、乗用車用としては古くから用いられているサスペンション形式です。リヤアクスル（後軸）の中心は、チューブ状で内部にディファレンシャルが備えられており、後輪に駆動力を伝えることができます。堅牢なリヤアクスルは、ボディと前後方向を数本のコントロールアームで、また左右方向はラテラルロッドで支持されています。

▊スプリングがサスペンションの支持材になるリーフスプリング式

現在、リーフスプリング（重ね板ばね）を採用している軽乗用車はほとんどありませんが、商用のトラックやバンにはまだ採用されています。このスプリングを利用する大きな利点は、リーフスプリング自体がアクスルなどのサスペンション部品を支えて支持できるという点にあります。また、このスプリングは上下方向のスペースを必要としないため、トラックなどの車体のフロア等に設置することでボディの高さを抑えることができます（下図）。

さらにこのスプリングは枚数を重ねることで強度が増し、重量物を運搬する場合に適しています。スプリングがたわんだ際に重ね合ったスプリングが擦れ、振動を早期に抑え込むといったショックアブソーバー的な働きを持っているので、軽自動車には部品点数を少なくできて重宝します。

第4章 軽自動車の駆動系と足回り

⚙ 後輪に用いられる主なサスペンション

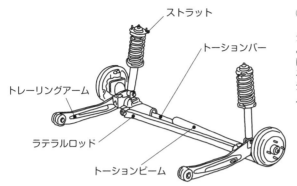

①トーションビーム式
トーションビームは、内部のトーションバー（スプリング）の働きによってねじれても復元できるようになっており、左右のタイヤはある程度独立して動くことができる。シンプルで軽量である点が大きなメリット。

②リンク式リジッド
リヤアクスルをコントロールアーム（リンク）で保持することによって、サスペンションの位置決めをする。

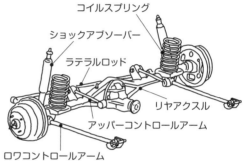

⚙ リーフスプリング式

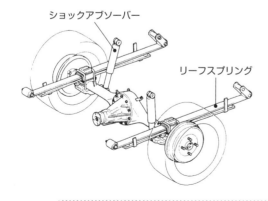

リーフスプリングでリヤアクスルの位置決めができてシンプルだが、乗り心地には難がある。重い、板のこすれる音が大きいなどの理由から乗用車用としては用いられなくなった。

◎軽自動車の後輪用サスペンションは、乗用車、商用車で目的が異なる
◎乗用車用はトーションビーム式が定番となっている
◎リーフスプリング式は少ない部品点数で大きな荷重にも耐えることができる

145

4-6 軽自動車に用いられるブレーキ

軽自動車のカタログのブレーキ欄を見ると、ほとんどが前輪はディスクまたはベンチレーテッドディスク、後輪はリーディング・トレーリングとなっていますが、それぞれの方式の特徴を教えてください。

　軽自動車を含めた比較的小さなサイズのクルマには、フロントにディスクブレーキ、リヤにリーディング・トレーリングと呼ばれるドラムブレーキを採用した例が多くなっています。この2つの方式の構造の違いと利点を見てみましょう。

■クルマの運動エネルギーを熱に転換しやすいディスクブレーキ

　ディスクブレーキは、タイヤとともに回転するディスクローターをブレーキキャリパーと呼ばれる部品に装着されたブレーキパッドで挟み込むことで、回転エネルギーを熱エネルギーに転換して空気中に放出します（上図）。

　軽自動車とはいえ900kg前後あるクルマが、時には100km/hもの速度で走るのを止めようというのですから、変換する熱エネルギーは相当なものになるはずです。以前はブレーキの放熱が思うようにいかずに、**フェード現象**[※1]や**ベーパーロック**[※2]を起こすクルマもかなりありましたが、昨今は、ディスクローターの断面に風を通す穴をあけてより放熱性を高めた**ベンチレーテッドディスク**が普及し、山岳路のフェード被害もあまり耳にしなくなりました。

■ドラムブレーキの自己倍力効果とマスターバックの必要性

　フロントのディスクブレーキの性能が高くなってきたこともあり、リヤに使用される**ドラムブレーキ**はパーキングブレーキとしても利用しやすいドラムタイプの**リーディング・トレーリング式**が採用される例が多くなっています。

　このブレーキシステムの特徴は、ホイール内部に置かれるドラムの内側にセットされるブレーキシューが、ブレーキ操作で外側に向けて広がり、ブレーキシューが持つ**自己倍力効果**で、よりドラムに強く押しつけられることによってタイヤにブレーキをかけることです（中図）。

　このようにドラムブレーキはその特徴である自己倍力効果があることが利点ですが、ディスクブレーキにはありません。そのため急な下り坂などではブレーキの利きが悪くてヒヤリとする場合もありましたが、現在は制動倍力効果を高める**マスターバック（制動倍力装置）**とよばれるシステムが採用されています。これは、バキューム（負圧）と大気圧の圧力差を利用してブレーキペダルの踏力を軽減しようとするもので、より小さな力で強いブレーキ力が働きます（下図）。

※1　フェード現象：ブレーキパッドが加熱してガスが発生し、そのガスがブレーキローターとの間に干渉してブレーキの利きが悪くなること
※2　ベーパーロック：ブレーキオイルが沸騰して気泡が発生する現象

第4章 軽自動車の駆動系と足回り

ディスクブレーキの構造

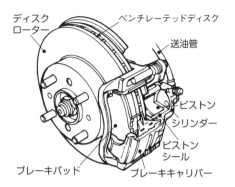

ディスクブレーキは、ディスクローターが解放されているので放熱性が高く、フェード現象やベーパーロックが起きにくい。ベンチレーテッドディスクは、さらに放熱性を高めるために表面積を増すとともに、断面に穴をあけている(フィン)。

ドラムブレーキの自己倍力効果

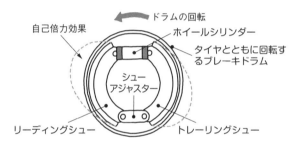

ブレーキドラムの回転方向と同じ側のブレーキシュー(リーディングシュー)はブレーキドラムに引張られるようになって摩擦力が高まる。これが自己倍力効果。

マスターバック(制動倍力装置)

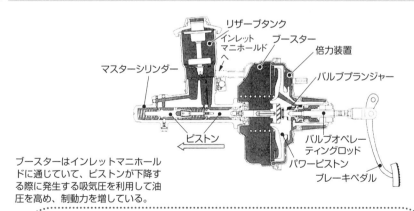

ブースターはインレットマニホールドに通じていて、ピストンが下降する際に発生する吸気圧を利用して油圧を高め、制動力を増している。

> **POINT**
> ◎軽自動車の前輪にはディスクブレーキ、後輪にはリーディング・トレーリング式のドラムブレーキを採用することが多い
> ◎ディスクブレーキには、制動倍力効果を高めるマスターバックが採用される

ABSとESC

いわゆる安全装置のうち、ABSはいまや当たり前のものとなり、ESCも現在装着が義務づけられています。これらのシステムは実際どんなときに役に立つのですか。

現在は、電子部品やコンピューター技術の進歩が著しく、以前は上級車種にしか装備されていなかった**ABS**（Antilock Brake System：アンチロックブレーキシステム）や**ESC**（Electronic Stability Control：横滑り防止装置）などを安全性向上のために利用して、ブレーキを部分的に効かせることでクルマの動きをアクティブにコントロールしようとする技術が進んでいます。

◼ ABSは自動的にポンピングブレーキの状態をつくり出す

ブレーキにかかる油圧は、ドライバーがブレーキペダルを踏む力によってコントロールしていますが、タイヤがロックした状況でも落ち着いて**ポンピングブレーキ**[※]を行えるドライバーはそう多くはないでしょう。

ABSは、配管内にもう1つピストンとシリンダーを設けておき、必要に応じてピストンを後退させ、シリンダーの空間を広げて減圧室として利用し、タイヤのロックが解消されたらピストンを前進させるということを繰り返して、スピードを抑えていきます（上図）。

◼ ESCはコンピューターによって正常な旋回状態を維持する

ESCは、軽自動車でも2014（平成26）年10月から新型車への装着が義務づけられました（継続生産車は、2018（平成30）年2月以降に生産されたクルマに適用）。

ESC装着車は、クルマのさまざまな箇所にセンサーが取り付けられていて、滑りやすい路面の走行や急なハンドル操作、あるいは**オーバーステア**（カーブを曲がる際にクルマが切り込みすぎること）や**アンダーステア**（同じく、カーブの外側にふくらむこと）によってクルマが不安定または危険な状況だと判断すると、コンピューターが各車輪ごとに適切なブレーキをかけたり、エンジンの回転数を自動的に抑制して、進行方向を修正します（下図）。

横滑り防止装置は、スズキではESP、ダイハツではDVS、三菱ではASC、ホンダではVSAなど、各社さまざまな言い方をしていますが、一般的にはESCと呼ばれています。ESCは、ABS、**TRC**（トラクションコントロールシステム＝クルマの速度とタイヤの回転数などから空転状態を判断し、空転しているタイヤにブレーキをかけて駆動力が失われた側のタイヤに駆動力を移す働きをする）と連動した安全装置です。

※ ポンピングブレーキ：ペダルを徐々に踏み込み、滑り始めたら緩め、また踏み込むという動作を繰り返してロックするのを防ぐブレーキ操作法

第4章 軽自動車の駆動系と足回り

ABSのシステム概要

ABSは、車輪速センサーからの信号をABSコントロールユニットで判断し、自動的にポンピングブレーキの状態をつくり出している。

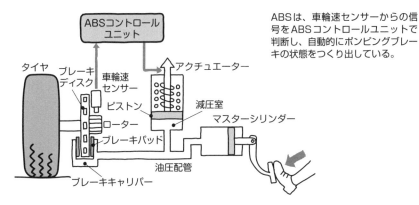

ESCの効果とシステム概要

①ESCの効果

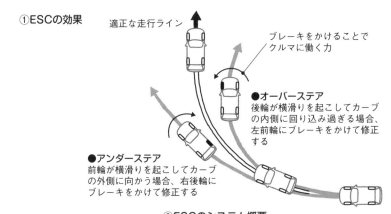

●オーバーステア
後輪が横滑りを起こしてカーブの内側に回り込み過ぎる場合、左前輪にブレーキをかけて修正する

●アンダーステア
前輪が横滑りを起こしてカーブの外側に向かう場合、右後輪にブレーキをかけて修正する

ESCでは、ハンドル角センサー、ヨーセンサー、加速度センサーなどからの情報を元にクルマの状況をコンピューターが判断し、正常な旋回状態に戻すために必要なタイヤにブレーキをかけるように働く。

②ESCのシステム概要

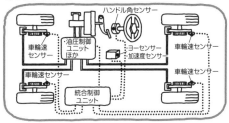

POINT
◎ABSやESCは、事故軽減効果が高いシステム
◎ABSやESCなどを総合的に使用することによって、クルマをより安全にコントロールすることができる

149

4-8 タイヤの構造と種類

モータースポーツを見ていると、タイヤの性能によって成績が左右されるといっていいほど、重要なパーツであることがわかります。その構造はどうなっているのですか。

　タイヤは、クルマと路面の唯一の接点となるパーツです。駆動力の伝達、制動作用、方向転換といったさまざまな動きを路面に伝えると同時に、サスペンションの一部として車体を支えるという重要な働きもしています。

▌軽自動車にも低扁平率のラジアルタイヤが普及

　タイヤの素材は主にゴムですが、内部には強度と耐久性を向上させるため、カーカスやスチールベルトが入っていて、ホイールと接合する部分にはビードと呼ばれる箇所があります（上左図）。

　一般的な軽乗用車には**ラジアルタイヤ**が装着されています。その表面を**トレッド**と呼びますが、ここに刻まれるトレッドパターンの排水性が雨天時の性能を、トレッドのゴムのコンパウンド（複合されているゴムの性質）が晴天時の性能を決めるといえます。また、走行時の衝撃や異物によるダメージからタイヤを守るためにスチールや特殊な樹脂のベルトが巻かれています。

　タイヤの肩の部分をショルダー、横面をサイドウォールと呼び、特にサイドウォールは旋回時にしなることで路面とトレッドの接地をよくするとともに一種のスプリングとして振動や衝撃の緩和に効果を発揮するため、乗り心地や操縦性に大きく関わっています。

　このところサイドウォールの高さが低い低扁平率のタイヤが増加しています。**扁平率**が小さくなると幅広になり、タイヤと路面の接地面積が増えてグリップはよくなるものの、乗り心地が悪くなる傾向があります（上右図、中図）。

▌オールシーズンタイヤは便利だが過信は禁物

　最近、多くのメーカーが発売している**オールシーズンタイヤ**は、ドライ路面ではしっかりとした走りを、またウエット路面では高い排水性能を発揮します。さらにある程度の雪道であれば走行できるので、突然の降雪にも慌てる必要がないまさにオールシーズン使えるタイヤです。特に軽自動車の生活四駆と組み合わせれば（130頁参照）、冬場の旅行などでも安心して遠出できます（下図）。

　ただし過信は禁物で、積雪や凍結がある地域に住んでいる場合は、**スタッドレスタイヤ**がおすすめです。

第4章 軽自動車の駆動系と足回り

ラジアルタイヤの構造

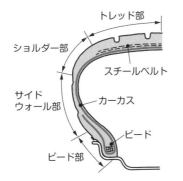

扁平率

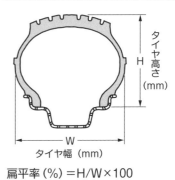

扁平率(%)＝H/W×100

タイヤサイズの表記例

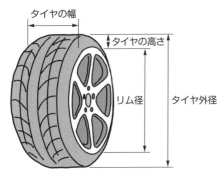

195①/65② R③ 15④ 94⑤ S⑥

①タイヤ幅
②扁平率(%)
③ラジアルタイヤ
④リム径
⑤ロードインデックス
⑥速度記号

※⑤ロードインデックスとはタイヤ1本で支えられる最大負荷の大きさ。94＝670kg
※⑥速度記号とは規定の条件下でそのタイヤが走行できる速度を示す記号。S＝180km/h

タイヤのトレッドパターン

①標準　②スタッドレス　③オールシーズン

トレッドパターンにはそれぞれのタイヤの特徴が表れている。①は中央部分にはブロックパターンがなく、サイドウォール部のみに配置されている。②はブロックパターンにサイプ(細かな切れ目)が設けられている。③は①と②の要素を併せ持つため、トレッド全面にブロックパターンが並んでいる。センター部分の細かい溝は積雪のある路面に対応する。

POINT
◎ラジアルタイヤには、強度や柔軟性を高めるため内部にカーカスやスチールベルトが巻かれており、最近は扁平率の低いものが増えている
◎季節を問わずに使えるのが、オールシーズンタイヤの特徴

COLUMN 4

軽自動車の思い出④

好きだった軽自動車 （その2）

　軽自動車の排気量が360ccの頃、日本はちょうど高度経済成長期で、高速道路の設置といった公共事業や、都会のビル建築などが活発に行われていました。それらを支えていたのはダンプカーやトラックなどですが、軽自動車にも商用目的のトラックやバンが存在しており、魅力的なモデルが多数ありました。

●ホンダT360

　ホンダが4輪自動車を生産することになった記念すべきモデルは、1963（昭和38）年に登場したT360と名づけられた軽のピックアップトラックでした。

　このクルマは単なる軽のトラックというだけでなく、初期のモデルに搭載されたエンジンは、同社のスポーツカー「S360」と共用するように設計されたもので、水冷4サイクル直列4気筒DOHC4キャブレター（各気筒ごとにキャブレターを装着）で、30PSを絞り出す高出力型でした（S360は市販されず、排気量をアップしてS500として世に出た）。

　これをミッドシップに載せた同車は、軽自動車としてはまさに画期的なもので「スポーツトラック」と呼ばれましたが、販売面では苦戦したようです。

●スズキ・マイティボーイ

　550cc時代の1983（昭和58）年に、突然登場したスズキ・セルボをベースにした2人乗りのピックアップトラックです。アメ車のシボレー・エルカミーノをデフォルメしたようなクーペっぽいデザインで、可愛らしさとカッコよさを併せ持っていました。

　フロントマスクはスズキ・セルボに似たスッキリとしたもので、マイナーチェンジでヘッドランプが丸型から四角に変更されています。

　樹脂製の改造パーツがいろいろ市販されていて、取り付けることでスタイリッシュにイメージを変えるなど所有者の趣味を表現した外観に変更することが流行したモデルでした。

第5章

軽自動車の安全性

Safety of kei cars

1. 安全運転をサポートするシステム

エアバッグとシートベルトの進化

1-1 最近のエアバッグは、前席用だけでなくいろいろなタイプがあり、シートベルトにも工夫がされているようですが、どのような働きをするのですか。

　日本で**エアバッグ**が普及し始めたのは1990年代の半ば頃からでした。現在、軽自動車を含めて新車で販売されているほぼすべての乗用車には、運転席・助手席用エアバッグが標準装備されています。

■側面からの衝突にも効果を発揮するエアバッグ

　エアバッグは、事故の際の衝撃をクルマに備えられた加速度センサーで検知し、エアバッグコントロールコンピューターで衝撃の大きさを判断、ガス発生装置に信号を送ることで作動します（上図①）。

　エアバッグが展開し、乗員の頭部が当たってからガスが抜けてしぼみ、頭部に加わる衝撃を吸収するまでの時間は、0.1秒そこそこ。まばたきをする間に役目を果たすのがエアバッグです。

　最近はその種類が非常に多くなっていて、側面衝突時にサイドガラスやドアを覆って横からの衝撃を緩和する**カーテンエアバッグ**や、シートの横から展開する**サイドエアバッグ**、前面衝突時に膝を守る**ニーエアバッグ**などがあります（上図②）。

■シートベルトの役割がより重要になっている

　エアバッグは正式にはSRSエアバッグと呼びます。SRSとは"Supplemental Restraint System"の略で補助拘束装置を意味し、シートベルトのサポートとして働く装置であることを示しています。事故の際、シートベルトをしていなかったり、緩んだ状態では、エアバッグが正常に展開しても乗員がベルトのすき間から横にすり抜けて、効果が正しく発揮できなかったり、逆にシートベルトの拘束力が大きすぎたために、胸部にダメージを与えるということもあります。

　シートベルトプリテンショナーは、衝突直後に自動的にベルトを巻き上げて乗員の拘束力を高めて身体のすり抜けを抑制します。また、シートベルトフォースリミッターは、ベルトに大きな荷重が加わった際に、拘束力を緩めて乗員の胸部を保護するように働きます（下図）。

　またシートベルトは、現在開発されている脇見や居眠り防止用のシステムでも、ベルトの拘束力を変化させることでドライバーに危険を知らせるといった役割を果たす可能性を持っています。

第5章 軽自動車の安全性

エアバッグの作動原理と種類

①作動原理

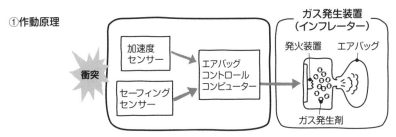

②エアバッグの種類

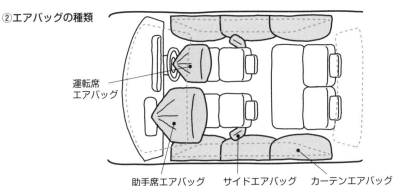

プリテンショナーとフォースリミッターの効果

①プリテンショナー

衝突時の減速度をセンサーが感知し、瞬時にシートベルトの拘束力を高め、ドライバーがベルトのすき間からすり抜けないようにする

②フォースリミッター

衝突時、ドライバーがシートベルトによって胸部にダメージを受けないように、締めつけ力を軽減する

◎シートベルトのプリテンショナーとフォースリミッターは、事故時に乗員がベルトのすき間からすり抜けるのを防止するとともに、ベルトによってダメージを受けるのを防いでいる

2. 安全運転支援システム

衝突被害軽減ブレーキ

障害物を感知して衝突に備える「衝突被害軽減ブレーキ」がかなり注目を浴びているようですが、システムによる性能の差は、何による部分が大きいのですか。

　軽自動車を含めた、乗用車の安全運転支援システム装着車が一気に拡大していますが、ポイントとなるのは状況を判断するセンサー部分です。

■**衝突被害軽減ブレーキは、前方を確認するカメラ、センサーの技術が重要**

　ここ数年で、装着車が一気に広まった**衝突被害軽減ブレーキ**（図）。日本では高齢ドライバーが急増する中、事故の大半が追突事故だといわれています。この事故では、ドライバーが原因になることが多いため、ブレーキ操作を人に委ねない技術として**自動ブレーキ**が注目されています。

　ブレーキをかけるタイミングを決めるのに必要な情報を集める方法としては、現在①**赤外線レーザー**、②**光学カメラ**（シングル、ステレオ）、③**ミリ波レーダー**などがあります。それぞれの特徴は、次のようになります。

（1）赤外線レーザー

　障害物を検知できるのは30m先くらいまで、自動ブレーキが作動する車速は30km/hまでが限界です。コストが抑えられるため、現在の軽自動車の多くが採用しています。

（2）光学カメラ（シングル、ステレオ）

　形状を認識するので、人間の形をした動くものを障害物として見分けて停止することができます。検知できる距離や角度はミリ波レーダーに劣りますが、自動ブレーキ用としては十分な距離をカバーできます。ブレーキが作動する車速は、シングルで約50km/h、ステレオで約100km/hと、赤外線レーザーに比べると高性能です。悪天候に弱いところがあり、逆光も不得意ですが、コストは比較的低くできます。

（3）ミリ波レーダー

　トヨタが早くから実用化に取り組んできたもので、100m以上遠方の障害物を検知できると同時に悪天候にも強く、逆光下でも正しく作動します。その反面、コストは高くなってしまいます。主に前方を走るクルマの反射板から戻ってくる電波を検知して障害物を判断するしくみなので、歩行者を見分けるのは難しくなります。

　衝突被害軽減ブレーキの作動事例が増すことで、さらなる改良とコストダウンが図られ、普及率アップによって交通事故が減少することが望まれます。

第5章 軽自動車の安全性

衝突被害軽減ブレーキの作動イメージ(スズキ・スペーシアの場合)

①前方衝突警報機能
約5km/h〜100km/hで走行中、ステレオカメラが前方の車両や歩行者を検知し、衝突の可能性があると判断すると、ブザー音とメーター内の表示灯によって警報を発する。

②前方衝突警報ブレーキ機能
さらに衝突の可能性が高まると、警報に加えて自動的に弱いブレーキを作動させ、ドライバーに衝突回避を促す。

③前方衝突被害軽減ブレーキアシスト機能
前方衝突警報ブレーキ機能が作動しているときにドライバーが強くブレーキを踏むと、ブレーキアシストが作動し、制動力を高める。

④自動ブレーキ機能
衝突が避けられないと判断した場合には、自動で強いブレーキをかけ、衝突の回避または衝突時の被害軽減を図る。

※ 障害物を検知できる距離、ブレーキが作動する車速は、センサーの種類(赤外線レーザー、光学カメラ(シングル、ステレオ)、ミリ波レーダー)による

◎衝突被害軽減ブレーキは、状況を判断するカメラやレーダーが重要
◎ミリ波レーダーは、100m離れていても障害物を判断できるがコストが高い
◎光学カメラは、比較的コストが安く、採用車も多くなっている

157

安全運転支援システムの機能

多くの自動車メーカーが安全運転支援システムについてPRしていますが、衝突被害軽減ブレーキ以外の機能として、どのようなものがあるのですか。

　安全運転支援システムは、メーカーはもちろん、それぞれのモデルが採用しているセンサーの性能によっても大きく左右されます。軽自動車の場合は、その性能もさることながら、コストの問題も無視することはできません。
　現在、多くのメーカーが平均して採用している安全運転支援システムの内容は次のとおりです。

◤安全運転支援システムの機能
（1）衝突被害軽減ブレーキ
　前項で述べましたが、走行中に前方の車両や人を認識して、衝突の危険性があると判断した場合に、ドライバーに注意を促します。さらに危険性が高まったときは、自動でブレーキをかけて衝突時の被害軽減を図ります。

（2）誤発進抑制機能
　シフトをD、L、Sといった走行可能モードに入れて停止中、または約10km/h以下のスピードで徐行中に、壁や車両など前方約4m以内に障害物を認識した後、アクセルを強く踏み込んだ場合、「踏み間違い」と判断してエンジン出力を自動制御し急発進、急加速を抑制します。また、ブザーとメーター内の表示灯によって警報を発し、操作ミスによる衝突を回避するように働きます（図①）。

（3）車線逸脱警報機能
　約60～100km/hで走行中、車線を検知して進路を予測します。前方不注意などによってクルマが車線をはみ出してしまうと判断すると、ブザーとメーター内の表示灯で警報を発し、ドライバーの注意を喚起します（図②）。

（4）先行車発進お知らせ機能
　信号待ちなどで停車中に、先行車が発進して約4m以上離れても自車が停止していた場合、ブザーとメーター内の表示灯によって先行車の発進を知らせます（図③）。

　このほかに、走行中に眠気などによって車両が蛇行し、システムが「ふらつき」と判断した場合に、ブザーとメーター内の表示灯によって警報を発するふらつき警報機能などもあります。

第5章 軽自動車の安全性

安全運転支援システムの機能例

①誤発進抑制機能
約10km/h以下で障害物を認識した後、踏み間違い（アクセルペダルを強く踏み込んだ場合）と判定した場合、エンジン出力を制御して急発進・急加速を抑制し、ブザーとメーター内の表示灯によってドライバーに警報を発する。

②車線逸脱警報機能
約60km/h～100km/hで走行中、道路上の車線を認識した後、車線から逸脱しそうになった場合、ブザーとメーター内の表示灯によってドライバーに警報を発する。

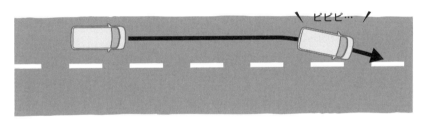

③先行車発進お知らせ機能
信号待ちなどで前のクルマが発進したことに気づかず停車し続けた場合、ブザーとメーター内の表示灯によってドライバーに先行車の発進を知らせる。

POINT
◎安全運転支援システムには、衝突被害軽減ブレーキ（自動ブレーキ）のほかに、誤発進抑制機能、車線逸脱警報機能、先行車発進お知らせ機能などがあり、センサーの精度がポイントとなっている

3. 自動運転システム

自動運転レベルの定義

政府は、2020年に自動運転技術の完全運転自動化を実現することを目標としているようですが、これは可能なのですか。また、現在どういったレベルに到達しているのでしょうか。

現在、自動車の自動運転には次のような段階（レベル）があると定義されています。これは、SAE（Society of Automotive Engineers）InternationalのJ3016（2016年9月）の定義を採用したものです（図）。

■自動運転の5段階のレベル

◎レベル0：運転者がすべての操作を行う
◎レベル1：運転者が主体。システムが前後・左右のいずれかの一部操作を行う
◎レベル2：運転者が主体。システムが前後・左右の両方の一部操作を行う
◎レベル3：システムが主体。システムが限定領域内ですべての操作を行う。継続が困難な場合は、システムからの要請で運転者が操作する
◎レベル4：システムが主体。システムが限定領域内ですべての操作を行う。継続が困難な場合、利用者の応答は期待されない
◎レベル5：システムがすべての操作を行う。継続が困難な場合、利用者の応答は期待されない

この定義から考えて、すでに現在「レベル2」までは到達しているモデルがあります。ただ、2020年に可能かどうかは別にして、「レベル3」の「システムが主体」といったレベルに達することができるかどうかには、まだまだ多くの問題点がありそうです。

■自動車メーカー＋IT企業による開発

自動車の自動運転化には、自動車メーカーはいうに及ばず、数多くの企業が参加し、協力しています。特に、IT企業は欠かすことができず、すでにいろいろな形で力を合わせています。

有名なところでは、米国のグーグルやマイクロソフトといった大手企業が、地図データやPCソフトの開発といった点で協力していて、自動運転システムを根幹の部分で支えているといえます。

自動車は、長年自動車をつくり続けてきたメーカーと、新しい技術を持つIT企業などがタッグを組んで開発する時代に入ったといえるのかもしれません。

第5章 軽自動車の安全性

自動運転レベルの定義（J3016）概要

官民ITS構想・ロードマップ2017〜多様な高度自動運転システムの社会実装に向けて〜
高度情報通信ネットワーク社会推進戦略本部・官民データ活用推進戦略会議　2017年5月30日

レベル	概要	安全運転に係る監視、対応主体
運転者が全てあるいは一部の運転タスクを実施		
SAEレベル0 運転自動化なし	・運転者が全ての運転タスクを実施	運転者
SAEレベル1 運転支援	・システムが前後・左右のいずれかの車両制御に係る運転タスクのサブタスクを実施	運転者
SAEレベル2 部分運転自動化	・システムが前後・左右の両方の車両制御に係る運転タスクのサブタスクを実施	運転者
自動運転システムが全ての運転タスクを実施		
SAEレベル3 条件付運転自動化	・システムが全ての運転タスクを実施（限定領域内※） ・作動継続が困難な場合の運転者は、システムの介入要求等に対して、適切に応答することが期待される	システム （作動継続が困難な場合は運転者）
SAEレベル4 高度運転自動化	・システムが全ての運転タスクを実施（限定領域内※） ・作動継続が困難な場合、利用者が応答することは期待されない	システム
SAEレベル5 完全運転自動化	・システムが全ての運転タスクを実施（限定領域内※ではない） ・作動継続が困難な場合、利用者が応答することは期待されない	システム

※ここでの「領域」は、必ずしも地理的な領域に限らず、環境、交通状況、速度、時間的な条件などを含む

◎自動運転には、現在5つの段階（レベル）があると定義されている
◎今後は、自動車の開発ノウハウを持つ自動車メーカーとIT企業がタッグを組んでいく必要がある

C O L U M N

5

軽自動車の思い出⑤

好きだった軽自動車（その3）

　1955（昭和30）年に軽自動車の排気量が360ccに統一されてから、より大きく、より広く、より速くを目指して各メーカーがしのぎを削ってきました。

　その結果、現在では規格の範囲内で可能な限り大きな居住スペースを確保し、かつ高い動力性能を発揮できるモデルがもてはやされ、売り上げをあげているように思います。

　そんな中で、"規格いっぱいじゃないけれど、乗りやすい、使いやすい"といった理由でヒットしたモデルもあります。最後に、そういった「規格外だけど、なんかいい」といわれたモデルをご紹介しておきます。

●ダイハツ・ミゼットⅡ

　1996（平成8）年にダイハツから販売された660ccの軽自動車です。外観のイメージは、同社が以前に販売していた3輪車・ミゼット（1957（昭和32）年～1972（昭和47）年）に似ていますが、ミゼットⅡでは安全性の問題から4輪車に変更されています。

　初代ミゼットⅡは1人乗りのピックアップとして登場しましたが、当時の軽自動車規格に対して（46頁参照）、全長で510mm、全幅で105mm、全高で350mm小さいサイズでした。

　後になって2人乗りが追加され、バンタイプのミゼットⅡカーゴもラインアップに加わり、また、単なる配送車としてだけでなく、レジャーなどのパーソナルユースも求められるようになり、AT仕様も追加されました。

　ミゼットⅡは2001（平成13）年に生産を終えましたが、今なおカスタマイズの素材として使用される人気の高いモデルとなっています。

　輸入車の中にも、小さなサイズながらセンスがよく、人気のあるモデルが存在しています。スマートやフィアット500（チンクェチェント）などですが、これらのモデルは排気量やボディサイズは日本の軽自動車と大して差はないものの、世界的な認知度を誇っています。

OEM・共同開発車

※　2017年8月現在販売されているもの

スバル

【乗用車】

◎シフォン：ダイハツ・タントのOEM

◎シフォンカスタム：ダイハツ・タントカスタムのOEM

◎ステラ：ダイハツ・ムーヴのOEM

◎ステラカスタム：ダイハツ・ムーヴカスタムのOEM

◎プレオ：ダイハツ・ミラのOEM

◎プレオプラス：ダイハツ・ミライースのOEM　→トヨタ・ピクシスエポックと三兄弟

◎ディアスワゴン：ダイハツ・アトレーワゴンのOEM

【商用車】

◎プレオバン：ダイハツ・ミラバンのOEM

◎サンバーバン：ダイハツ・ハイゼットカーゴのOEM　→トヨタ・ピクシスバンと三兄弟

◎サンバートラック：ダイハツ・ハイゼットトラックのOEM　→トヨタ・ピクシストラックと三兄弟

トヨタ

【乗用車】

◎ピクシスエポック：ダイハツ・ミライースのOEM　→スバル・プレオプラスと三兄弟

◎ピクシスメガ：ダイハツ・ウェイクのOEM

◎ピクシスジョイC：ダイハツ・キャストアクティバのOEM

◎ピクシスジョイF：ダイハツ・キャストスタイルのOEM

◎ピクシスジョイS：ダイハツ・キャストスポーツのOEM

【商用車】

◎ピクシスバン：ダイハツ・ハイゼットカーゴのOEM　→スバル・サンバーバンと三兄弟

◎ピクシストラック：ダイハツ・ハイゼットトラックのOEM　→スバル・サンバートラックと三兄弟

日　産

【乗用車】

◎デイズ：三菱との合弁会社NMKVによる共同開発車で製造は三菱　→三菱・eKワゴン

◎デイズルークス：三菱との合弁会社NMKVによる共同開発車で製造は三菱　→三菱・eKスペース

◎NV100クリッパーリオ：スズキ・エブリイワゴンのOEM　→マツダ・スクラムワゴン、三菱・タウンボックスと四兄弟

【商用車】

◎NV100クリッパー：スズキ・エブリイのOEM　→マツダ・スクラムバン、三菱・ミニキャブバンと四兄弟

◎NT100クリッパー：スズキ・キャリイのOEM　→マツダ・スクラムトラック、三菱・ミニキャブトラックと四兄弟

マツダ

【乗用車】

◎キャロル：スズキ・アルトのOEM

◎フレア：スズキ・ワゴンRのOEM

◎フレアワゴン：スズキ・スペーシアのOEM

◎フレアクロスオーバー：スズキ・ハスラーのOEM

◎スクラムワゴン：スズキ・エブリイワゴンのOEM　→日産・NV100クリッパーリオ、三菱・タウンボックスと四兄弟

【商用車】

◎スクラムバン：スズキ・エブリイのOEM　→日産・NV100クリッパー、三菱・ミニキャブバンと四兄弟

165

◎スクラムトラック：スズキ・キャリイのOEM　→日産・NT100クリッパー、三菱・ミニキャブトラックと四兄弟

三　菱

【乗用車】

◎eKワゴン：日産との合弁会社NMKVによる共同開発車で製造は三菱　→日産・デイズ

◎eKスペース：日産との合弁会社NMKVによる共同開発車で製造は三菱　→日産・デイズルークス

◎タウンボックス：スズキ・エブリイワゴンのOEM　→日産・NV100クリッパーリオ、マツダ・スクラムワゴンと四兄弟

【商用車】

◎ミニキャブバン：スズキ・エブリイのOEM　→日産・NV100クリッパー、マツダ・スクラムバンと四兄弟

◎ミニキャブトラック：スズキ・キャリイのOEM　→日産・NT100クリッパー、マツダ・スクラムトラックと四兄弟

おわりに

　この本を執筆するにあたって、ここ半年ほどの間「軽自動車」のことばかり考えていました。

　軽自動車のメカニズムに限らず、エンジンの排気量を含めたさまざまな「規格」の移り変わりや「時代背景」を併せて整理していきたかったので、それに関する多くの資料や書籍を読むことになりました。

　その作業の中で、軽自動車のエンジンが電子制御化されてキャブレターと入れ替わった時期や、トランスミッションが単なるオートマチックではなくCVTになったタイミング、またパワーステアリングが電動式になったのはいつ頃かなどを知るにつけ、これらによって軽自動車に限らず自動車の歴史が大きく変わったことを改めて知ることになりました。

　これまでこういった大きな変化は、環境や燃費に関する規制に基づく国家間の輸入制限といった政治の問題が原因となって起きるものだと漠然と思っていましたが、今回の調査によって日本国内の規格の変化や排気量の変化が要因のひとつとなったことを知り、少し驚きました。

　軽自動車は、「360cc時代」「550cc時代」「660cc時代」という3つの時代を乗り越えて現代へと至っています。

　その間、多くのメーカーの技術者たちが想像を絶するような努力を重ね、労力をそそぎ込んで現在の形にしてきたのです。

　軽自動車の開発に携わった数多くの人たちの努力に心から感謝しつつ、この本のまとめとさせていただきます。

橋田　卓也

索　引（五十音順）

あ 行

アイドリングストップ	60,62,104
足回り	112
圧縮	74
圧縮比	102
アルト	44,46,48,56,58,60,104
アルトハッスル	24
アルトワークス	68,98
安全運転支援システム	158
アンダーステア	148
アンチロックブレーキシステム	148
インタークーラー	96
インタークーラーターボ	68
インディペンデント式	140
インテークマニホールド	92
ウェイク	24,26
ウエストゲートバルブ	96
エアバッグ	154
エアフローメーター	92
エコアイドルシステム	60
エネチャージシステム	60
エンジン	32
往復運動	74
オートギヤシフト	60,128
オートザム AZ-1	46
オートサンダル	40
オート三輪	38
オーバーステア	148
オールシーズンタイヤ	150
オリフィス	142

か 行

カーテンエアバッグ	154
回転運動	74

回転力	116,124
過給	102
過給機	96,98
下死点	86
滑車	124
カプチーノ	46
可変バルブタイミング機構	104
カム	82,86,88,90,
カムシャフト	82,86,88
カムプロフィール	86
カムリフト量	90
気筒	30,84
気筒数	78,80
客室	16,32
キャビン	16,32
キャブオーバー型	20,22
キャブレター	92
キャリイ	64
キャロル	48
吸気	84
吸気バルブ	74,82,84,86,94
急速充電	106
吸入	74
吸排気バルブ	86
共振作用	82
空冷式	76
駆動系	112
クラッシャブルゾーン	16,48
クラッチ	112,114,120
クラッチディスク	114
クラッチペダル	114
クランクアーム	34
クランクシャフト	74,86
クリープ機能	128
クロスミッション化	118
軽自動車	10,12,13,14,18,30,38

索　引

軽自動車規格 ……………………… 10
軽商用車 …………………………… 20,56
軽乗用車 …………………………… 56
軽スーパーハイトワゴン ………… 24
軽ハイト(トール)ワゴン ……… 18,22,26
軽ボンネットバン ………………… 56,58
軽ボンバン ………………………… 44,56
ケータハム・セブン160 ………… 68
減衰作用 …………………………… 142
減速 ………………………………… 118,132
減速エネルギー …………………… 108
減速作用 …………………………… 116
減速比 ……………………………… 126
コイルスプリング ………………… 142
光学カメラ ………………………… 156
航続可能距離 ……………………… 106
後退 ………………………………… 118
行程容積 …………………………… 78
小型自動車 ………………………… 10,13,30
国民車構想 ………………………… 36,40,42
コペン ……………………………… 66
コラプシブル機構 ………………… 136
混合気 ……………………… 74,76,84,86,90,94
コンロッド ………………………… 74

さ　行

サージング ………………………… 82
最小回転半径 ……………………… 12
サイドエアバッグ ………………… 154
サスペンション …………………… 112,140
差動作用 …………………………… 132
差動制限型ディファレンシャル ……… 134
差動装置 …………………………… 132
三元触媒 …………………………… 100
軸距 ………………………………… 30
軸トルク …………………………… 34
仕事量 ……………………………… 34
自己倍力効果 ……………………… 146
自主規制 …………………………… 68,84,98
自然吸気(N/A) …………………… 68,98,104

自動車重量税 ……………………… 14
自動車取得税 ……………………… 14
自動車税 …………………………… 14
自動ブレーキ ……………………… 156
自動変速マニュアルトランスミッション
 …………………………………… 128
自動無断変速機 …………………… 112
ジムニー …………………………… 64
車軸懸架式 ………………………… 140
車両規格 …………………………… 10
終減速装置 ………………………… 132
終減速比 …………………………… 132
出力 ………………………………… 34
主要諸元 …………………………… 72
常時かみ合い式 …………………… 120
上死点 ……………………………… 86
衝突安全性 ………………………… 48
衝突被害軽減ブレーキ …………… 156
消費税 ……………………………… 46,56
ショックアブソーバー …………… 142
シリンダー ………………………… 30,74,78,84
シリンダー配列 …………………… 78
シンクロメッシュ ………………… 54,120,128
水平対向 …………………………… 78
水冷 ………………………………… 72
水冷式 ……………………………… 76
スーパーチャージャー …………… 96,98
スズライト ………………………… 42,52
スズライト・フロンテ …………… 42
スターターモーター ……………… 104
スタッドレスタイヤ ……………… 150
スタンバイ式 ……………………… 130
スチールベルト …………………… 126
ステアリング機構 ………………… 112
ステアリングギヤ機構 …………… 136,138
ステアリングコラム ……………… 136
ステアリングシャフト …………… 136
ステアリングホイール …………… 136
ストラット ………………………… 112,142
ストラット式 ………………… 62,64,66,68,142

169

ストローク ……………………… 74,80	直列3気筒 …………………… 72,80
スバル360 …………… 10,42,50,58	直列エンジン ………………… 80
スプリング ……………………… 142	デイズ ………………… 26,48,62
スペーシア ………… 22,24,26,108	ディスクブレーキ ……… 68,112,146
スポーツカー …………………… 18	ディファレンシャル ……… 32,112,132,134
スマートアシスト ……………… 60	デュアルインジェクター ……………… 60
スリーブ ………………………… 120	点火 ……………………………… 74
制動倍力装置 …………………… 146	電気自動車 ……………………… 106
性能曲線図 ……………………… 34	電子制御燃料噴射装置 … 72,84,92,94,98,100
セカンダリープーリー ………… 126	電動パワーステアリング
赤外線レーザー ………………… 156	……………… 46,62,104,112,138
セダン …………………………… 16	筒内直接噴射（直噴） ……… 94,102
セミキャブ型 …………………… 20	動力伝達装置 …………………… 112
全高 ……………………………… 30	トーションビーム ……………… 112
センターデフ …………………… 130	トーションビーム式 …………… 144
せん断抵抗 ……………………… 130	独立懸架式 ……………………… 140
全長 ……………………………… 30	トッポBJ ………………………… 24
全幅 ……………………………… 30	トヨペットSA型 ………………… 36
総減速比 ………………………… 132	ドライブシャフト ……………… 112
走行エネルギー ………………… 108	ドライブトレーン ……………… 112
総排気量 ……………………… 30,78,80	トラクションコントロールシステム … 148
	ドラムブレーキ ………………… 146
	トランスファー ………………… 130

た 行

タービン ………………………… 96	トランスミッション ……… 32,112,118,132
タービンランナー ……………… 122	トルク ………………… 34,80,116,124
ターボ ……………………… 44,84,98	トルクアップ …………………… 116
ターボチャージー ……………… 96	トルクコンバーター …………… 122
ダイナスター …………………… 38	トルクの増幅作用 ……………… 122
タイミングベルト ……………… 86	トルコン ………………………… 122
タイヤ …………………… 112,150	トルセンデフ …………………… 134
ダウンサイジング ……………… 102	トレッド ……………………… 30,150
ダウンサイジングコンセプト … 102	

な 行

多段化 …………………………… 118	ニーエアバッグ ………………… 154
ダットサン ……………………… 36	ニュートラル ………………… 114,118
ダブルウィッシュボーン式 …… 52,68,142	燃焼 ……………………………… 74
短径 ……………………………… 90	燃焼圧力 ……………………… 34,80
タント ………………… 22,24,26,48	燃焼ガス ……………………… 84,86
中立 ……………………………… 118	燃焼室 ………………………… 74,92
長径 ……………………………… 90	燃費 ………………… 80,102,104,138
直列 ……………………………… 78	

索 引

燃費性能 ……………………………… 100,108	フェロー ………………………………… 42,52
燃料噴射量 ………………………………… 94	フェローMAX550 ………………………… 44
ノートe-POWER ………………………… 106	普通自動車 ………………………………… 30
ノッキング ……………………………… 102	普通充電 ………………………………… 106
ノンターボ ……………………………… 104	プッシュロッド …………………………… 88
	物品税 …………………………………… 44,56

■■■■■ は 行 ■■■■■

パートタイム式 …………………………… 64	フューエルインジェクション ………… 92
排気 ………………………………………… 74	フューエルインジェクター ………… 92,94
排気ガス ……………………………… 96,100	フューエルポンプ ………………………… 92
排気ガス再循環 ………………………… 100	フライホイール ………………………… 114
排気バルブ ………………… 74,82,84,86	プライマリープーリー ………………… 126
排気量 …………………………………… 78,80	フライングフェザー ……………………… 40
排出ガス規制 ……………………………… 44	プラットフォーム ………………………… 20
ハイト系 ………………………………… 46,48	フリクションロス ……………………… 102
ハイブリッド車 ………………………… 108	フルキャブ型 ……………………………… 20
爆発 ………………………………………… 74	ブレーキ ………………………………… 112
爆発力 ……………………………………… 80	プレッシャーレギュレーター ………… 92
パジェロミニ ……………………………… 64	プロペラシャフト ………………………… 32
ハスラー ………………………………… 108	フロンテ7-S ……………………………… 44
ハッチバック ………………… 16,18,56,60	平成ABCトリオ ………………………… 68
パドルシフト …………………………… 136	ベーパーロック ………………………… 146
バモスホンダ …………………………… 110	変速 ……………………………………… 118
馬力 ………………………………………… 34	ベンチレーテッドディスク …………… 146
バルブ …………………………… 82,86,88,90	扁平率 …………………………………… 150
バルブオーバーラップ ……………… 86,90	ホイールベース ………………… 12,20,30
バルブ開閉機構 …………………… 82,86,88	ポート噴射 ……………………………… 102
バルブシート ……………………………… 82	ホンダN360 …………… 28,42,50,52,62,76
バルブスプリング ………………………… 82	ホンダS660 ……………………………… 66
バルブタイミング ………………………… 90	ホンダT360 ……………………………… 152
バルブタイミングダイヤグラム ……… 86	ボンネットバン(ボンバン) …………… 44
バルブフェース …………………………… 82	ポンピングブレーキ …………………… 148
ハンドル ………………………………… 136	ポンピングロス …………………………… 90
ビート …………………………………… 46,66	ポンプインペラー ……………………… 122
ビスカスカップリング ……………… 130,134	

■■■■■ ま 行 ■■■■■

ピストン …………………… 30,34,74,78,86	マイティボーイ ………………………… 152
ファイナルギヤ ………………………… 132	マイルドハイブリッド ………………… 108
ファミリーレックス ……………………… 58	マスターバック ………………………… 146
プーリー ………………………………… 124	マツダGA型 ……………………………… 36
フェード現象 …………………………… 146	マツダR360クーペ …………………… 42,54

171

マニュアルトランスミッション ……… 112
マルチバルブ化 ……………………… 84
みずしま ……………………………… 36
ミゼットⅡ ………………………… 162
ミッドシップ ………………………… 66
三菱360 ……………………………… 54
ミニカ …………………………… 42,46
ミニカ5 ………………………… 44,58
ミニカアミ55 ………………………… 58
ミニカアミL ………………………… 58
ミニカエコノ …………………… 44,58
ミニカスキッパー ………………… 110
ミニカダンガン ………………… 84,98
ミニカトッポ ……………… 22,24,70
ミラ ………………… 44,46,48,56
ミラTR-XX …………………………… 98
ミライース …………………… 60,104
ミリ波レーダー …………………… 156
ムーヴ ………………… 24,46,48,62
モコ …………………………………… 48
モノコック構造 ……………………… 40

や　行

横滑り防止装置 …………………… 148

ら　行

ライトポニー ………………………… 38
ライフステップバン ………………… 22
ラジアルタイヤ …………………… 150
ラジエーター ………………………… 76
ラダーフレーム ……………………… 64
ラックアンドピニオン式 ………… 138
リーディング・トレーリング式 …… 112,146
リーフスプリング ……………… 64,144
リジッド式 ………………………… 140
リミテッドスリップデフ ………… 134
流体クラッチ …………………… 122,130
理論空燃比 …………………………… 94
輪距 …………………………………… 30
リンク機構 ………………………… 136

リンク式リジッドサスペンション …… 144
レイアウト …………………………… 32
冷却水 ………………………………… 76
冷却装置 …………………………… 76,96
冷却損失 …………………………… 100
レシプロエンジン …………………… 74
レックス ……………………………… 46
レックス5 ……………………… 44,58
レックス550 ………………………… 58
レックス・コンビ …………………… 58
連続可変トランスミッション …… 124
ロッカーアーム ……………………… 88
ロックアップ機構 ………………… 122
ロックアップトルコン …………… 104
ロングストローク ……………… 34,62,66
ロングライフクーラント …………… 76

わ　行

ワゴンR ……………… 22,24,26,46,48,62,108
ワンボックス ………………………… 18
ワンボックスカー …………………… 16
ワンボックスワゴン ………………… 48

数字・欧字

1ボックス …………………………… 16
2サイクル ………………… 42,44,74,100
2バルブ ……………………………… 84
2ボックス …………………………… 16
3ボックス …………………………… 16
4WD（フォーホイールドライブ／4輪駆動）
……………… 18,20,32,64,112,130
4WS …………………………………… 46
4サイクル ……………… 42,44,72,74,86,100
4ナンバー …………………………… 56
4バルブ ……………………………… 84
4輪独立懸架 …………………… 50,52,54,68
5バルブ ………………………… 70,84,98
53年排ガス規制 ……………………… 58
A/T ………………………………… 128
ABS ………………………… 68,112,148

172

索 引

AGS	60,128
AMT	128
CO_2排出量	100
CPU（コンピューター）	92,94
CVT	60,62,66,104,112,122,124,126
D-Frame	66
DOHC	88
DRESS-FORMATION	66
EGR	100
eK スペース	24,26
eK ワゴン	26,48,62,104
ESC	148
FF（フロントエンジン・フロントドライブ）	18,20,32,50,58,112,118,130,142
FR（フロントエンジン・リヤドライブ）	20,32,46,52,54,58,68
i-EGR	100
i-MiVE（アイ・ミーブ）	106
JC08 モード燃費	104
kgf・m（kg・m）	34
kW	34
LLC	76
LSD	134
M/T	112,114,120,128

MAX	48
MR（ミッドシップエンジン・リヤドライブ）	20,32,46,66,68
MR ワゴン	26,48
N・J	40
N・m	34
N-BOX	22,24,26,62,66
N-ONE	62
N-WGN	26,104
NMKV	26,48,62,106
N シリーズ	62,66
OHC	50,62,88
OHV	54,88
PS	34
RR（リヤエンジン・リヤドライブ）	32,40,50,58
S-エネチャージ	108
SUV	18,62
TRC	148
VTEC	90
VVT	60
VVTi	90
V 型	78

173

参考文献

【ホームページ】

◎スズキ株式会社ホームページ

◎株式会社SUBARU(スバル)ホームページ

◎ダイハツ工業株式会社ホームページ

◎トヨタ自動車株式会社ホームページ

◎日産自動車株式会社ホームページ

◎本田技研工業株式会社ホームページ

◎マツダ株式会社ホームページ

◎三菱自動車工業株式会社ホームページ

◎自動車技術会ホームページ

◎軽自動車検査協会ホームページ

◎一般社団法人全国軽自動車協会連合会ホームページ

◎スバル博物館ホームページ

◎トヨタ博物館ホームページ

【書籍・ムック】

◎図解・クルマのドライブトレーン　橋田卓也著　山海堂　1994年

◎図解・エンジンのメカニズム　橋田卓也著　山海堂　1998年

◎スズキストーリー 1955〜1997　小関和夫著　三樹書房　1997年

◎懐かしの軽自動車　中沖満著　グランプリ出版　1998年

◎日本の軽自動車 1951〜1975—カタログで楽しむ360ccの時代。
　小関和夫著　三樹書房　2005年

◎ダイハツによるスモールカー工学　ダイハツ工業技術研究会編著　山海堂　2007年

◎軽自動車 進化の半世紀　桂木洋二著／GP企画センター著　グランプリ出版　2008年

◎360cc軽商用貨物自動車1950〜1975—昭和のモータリゼーションを支えた小さな力
　持ち　八重洲出版　2009年

◎360cc軽自動車のすべて—'50〜'70年代の軽自動車総集編　モーターファン別冊
　三栄書房　2013年

◎きちんと知りたい！　自動車メカニズムの基礎知識　橋田卓也著　日刊工業新聞社　2013年

◎歴代軽自動車のすべて 1950〜2014　モーターファン別冊　三栄書房　2014年

◎軽自動車における低燃費技術の開発―スズキのモノづくり哲学と技術創造　御堀直嗣著／笠井公人監修　グランプリ出版　2015年

◎スバル360開発物語―てんとう虫が走った日　桂木洋二著　グランプリ出版　2015年

◎きちんと知りたい！　自動車エンジンの基礎知識　飯嶋洋治著　日刊工業新聞社　2015年

◎きちんと知りたい！　自動車メンテとチューニングの実用知識　飯嶋洋治著　日刊工業新聞社　2016年

【その他】

◎自動車図書館(一般社団法人日本自動車工業会)所蔵の各メーカーの資料

───── 著者紹介 ─────

橋田　卓也（はしだ　たくや）

1958年大阪生まれ。1980年、理工関係の専門学校を卒業後、自動車メーカーの乗用車技術センターに入社、4WD車の開発を行う。1987年、自動車専門学校の教員となり、整備士養成のための教育に携わる。1993年、自動車鈑金塗装業界向け業界紙の編集者となり、以後編集長として業界の発展に尽力する。その後、独立して現在に至る。
◎著書：『図解でわかるクルマのメカニズム』『図解でわかるエンジンのメカニズム』『自動車知りたいこと事典』（以上山海堂）、『きちんと知りたい！　自動車メカニズムの基礎知識』（日刊工業新聞社）ほか。

きちんと知りたい！
軽自動車メカニズムの基礎知識　　　　　　　　　NDC 537

2017年10月20日　初版1刷発行　　　（定価は、カバーに
　　　　　　　　　　　　　　　　　　表示してあります）

© 著　者　　橋　田　卓　也
　発 行 者　　井　水　治　博
　発 行 所　　日 刊 工 業 新 聞 社
　　　　　　　東京都中央区日本橋小網町 14-1
　　　　　　　　　（郵便番号　103-8548）
　　　　電　話　書籍編集部　03-5644-7490
　　　　　　　　販売・管理部　03-5644-7410
　　　　　　　　Ｆ Ａ Ｘ　　　03-5644-7400
　　　　振替口座　00190-2-186076
　　　　URL　　http://pub.nikkan.co.jp/
　　　　e-mail　info＠media.nikkan.co.jp
　　　　　　　　印刷・製本　美研プリンティング

落丁・乱丁本はお取り替えいたします。　　2017 Printed in Japan
　　ISBN978-4-526-07753-1　C 3053
本書の無断複写は、著作権法上での例外を除き、禁じられています。